U0305387

神兽志

Mythic Creatures
And the Impossibly Real Animals Who Inspired Them

[美] 马克 · A. 诺雷尔　劳雷尔 · 肯德尔　理查德 · 埃利斯 编著
Mark A. Norell, Laurel Kendall, Richard Ellis

傅临春 译

重庆大学出版社

博物馆立面图，由约翰·拉塞尔·波普（John Russell Pope）绘于 1926 年。

简介

美国自然博物馆（American Museum of National History）是全球领先的科学、教育与文化机构之一。自 1869 年创建以来，博物馆一直通过科学研究、科学教育和展览坚守它的使命：发现、诠释并分享关于人类文化、自然界以及宇宙的奥秘。

每年都有无数访客参观博物馆的 45 个固定展厅，其中包括世界闻名的景箱展览厅、化石厅、罗斯地球与太空研究中心以及海登天文馆。博物馆的科学藏品包括超过 3 300 万件标本和人工制品，展出的只有其中一小部分。对于博物馆的 200 名科学家、理查德·吉尔德研究生院（Richard Gilder Graduate School，西半球唯一位于博物馆的博士点）的研究生们以及世界各地的研究者来说，这些藏品是无价之宝。

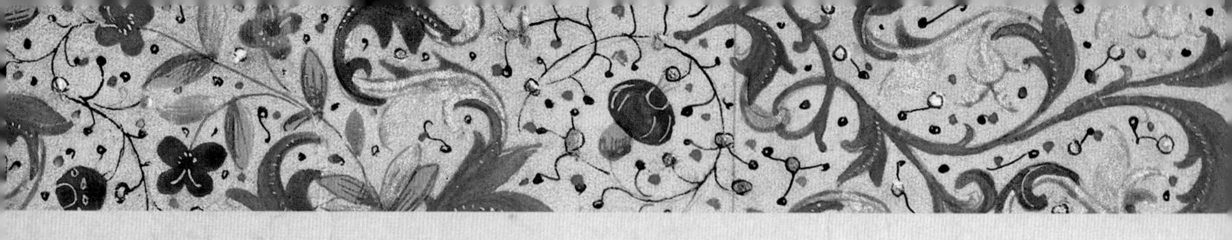

目录

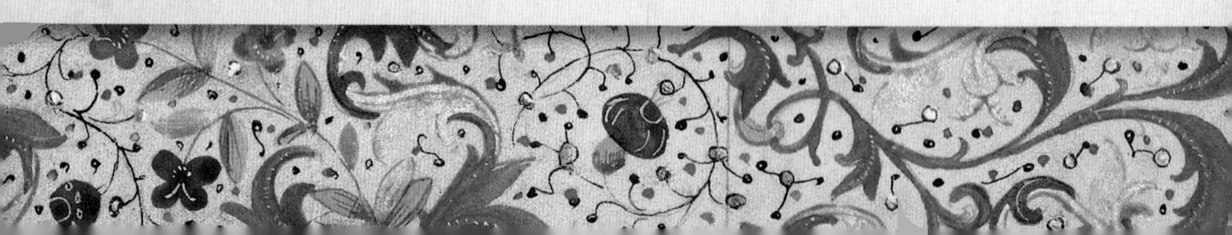

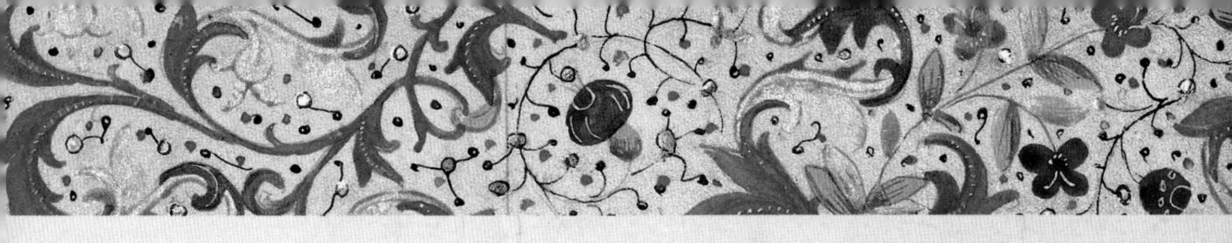

神话中的独角兽

于美国自然博物馆“神奇生物”展览中展出，模型为“实体大小”、粉色的灯光笼罩着梦幻般的独角兽。

序

神奇生物

像美国自然博物馆这样的一个科研机构，竟然举办了一场名为“神奇生物：龙、独角兽与美人鱼”（Mythic Creatures: Dragons, Unicorns and Mermaids）的展览，这个博物馆究竟想要干什么？首先，这是一场庆典，它颂扬了我们作为晚期智人的能力：想象未知的事物，创造史诗故事和民间传说，以及从旅行者的故事中取材——最初是一些令人费解的动物残骸——创造出那些奇异的、可怕的、有时极为有趣的神话形象。人类起源馆（Anne and Bernard Spitzer Hall of Human Origins）展览的最后一面展板上以影片的方式展示着一场有关人类创造力的盛会：从仪式到踢踏舞，从教室中的学生到一场歌剧。“神奇生物”在美国自然博物馆展出期间，仿佛有一条无形的丝线，将上述这场人类大脑和身体工作的蒙太奇与活在第四层展馆所展出的故事、戏剧、美术与工艺品中的龙、独角兽、美人鱼及其他神奇生物联系在一起。展会的形式多种多样，藏品来自全球各地，我正好可以趁此机会为我们博物馆“猎捕”几条龙。

鱼皮影

它是美国自然博物馆收藏的皮影之一，收集者为贝特霍尔德·劳费尔（另参见第 61、109、115 及 150 页）。这些 19 世纪的皮影是用驴皮、铁丝、棉花、染料和桐油制成的。皮影戏曾是北京街头的常见一景。

没错，龙是中国传统宇宙观的核心。中国文化的根基是农民的生产力，而农民的生产力又仰仗雨水。在农历五月初五，龙王从龙宫飞至天空，降下雨水。我们的展览展出了龙王，以及龙宫中的海洋生物——它们是一套皮影，是汉学家贝特霍尔德·劳费尔（Berthold Laufer）于 1901

年在北京为博物馆收集到的。

哥伦布

这是1554年一幅题为《哥伦布，西印度发现者》（*Columbus, Discoverer of the West Indies*）的版画，作者是著名的比利时版画艺术家特奥多雷·德·布里（Theoder de Bry）。它描绘的是意大利探险家哥伦布在抵达新大陆[1]时，遇见海中满是人鱼与海怪的景象。

我们展出的某些神奇生物在传说和图例中的形状，其实就是那些真实存在的动物的扭曲阴影。北海巨妖克拉肯（Kraken）是一种能压碎帆船的海怪，人们依据大王乌贼的触手想象出它的形态，这种传说式的生物非常罕见，因为它们很少主动攻击人类，通常潜伏在极深的海底。在

1. 意指哥伦布所发现的新大陆，虽然他并不是第一发现人，但他的发现所造成的影响最为深远。如今的新大陆一词指西半球或南、北美洲及其附近岛屿。

规划展览的过程中，我们受到了民俗学家阿德里安娜·梅约（Adrienne Mayor）的启发。她曾提出，古希腊人是根据一具厚皮动物的头骨想象出独眼巨人库克罗普斯（Cyclops）的，因为那具头骨长牙槽口的位置如同一个巨大的眼窝。在戈壁沙漠中，原角龙（*Protoceratops*）古化石可能是格里芬传说的来源，传说这种有翼的狮身鹰首兽守卫着沙漠下的黄金宝藏。

神奇生物的来源可能是一种与之完全不同的东西，但人类的想象力能够攫取强大的画面来填补空白。中世纪的欧洲人热衷于购买发光的白色“独角兽兽角”，认为它们有奇异的药性。这实际上是独角鲸的长牙，勇猛的丹麦水手会猎捕这种鲸类。而美人鱼的传说可能来源于水手们在遥远的距离瞥见的大型海洋哺乳类动物，如儒艮和海牛等。在传说中，她们梳着自己茂密的长发。美人鱼所代表的美丽与危险的概念也来源于水手们的幻想——他们在危险的大洋上漂浮，周围全是男人，于是便幻想在异域的港口中能遇见一些危险的美丽女人。1493 年，哥伦布和他的船员与一群海牛遭遇，双方的距离非常接近，航海家在报告中称这些生物的外形非常雄性化，与人们的想象完全相反。相似的事发生于 13 世纪末，马可·波罗遇到了和苏门答腊犀牛长得一样的独角兽，他对此失望

独角鲸的长牙

这是一幅独角鲸头骨的早期画作（1655），展现了独角鲸异乎寻常的长牙，这常常被视作独角兽存在的实证。该作品来自沃尔姆博物馆（Museum Wormianum）的一本书，是丹麦医生奥莱·沃尔姆（Ole Worm）的个人藏品。

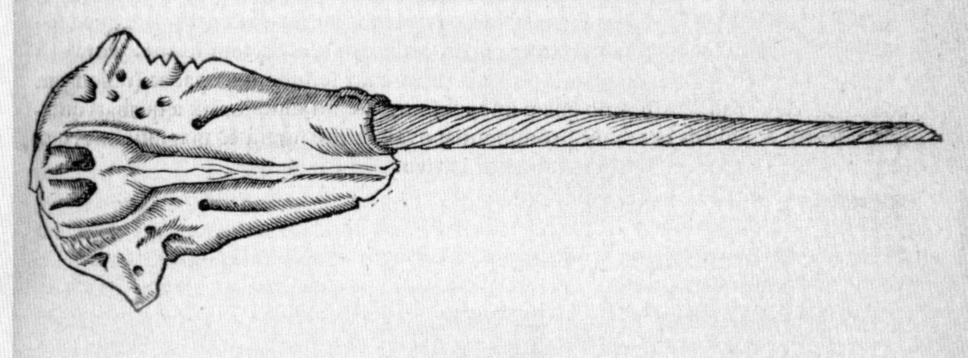
rabat. Sed roſtrum ſeu extremitas oris parte ſiniſtrâ, cui dens inſerebatur, erat pollicum trium cum dimidio. Dextro latere, ubi nullus erat alveus, qui dentem capere poſſet, craſſa erat unciam cum dimidiâ, ſubſtantiâ fungoſâ.

巴龙革面具

巴龙革面具的细节图。该面具是美国自然博物馆定制的，2011 年由巴厘岛乌布村的男性成员制作而成（见第 60 页）。

到近乎厌恶的程度，称它们丑恶、阴暗、全身是泥。

有些地区的水手把美人鱼看作幸运护身符，将帆船的船首雕像做成她们的模样。长发的美人鱼就这样航向新的港口，为当地的水妖带去新鲜的形态。在欧洲和中非，美丽又危险的水神（Mami Wata）最初是蛇的形态；如今蛇依然是她的一部分，但她的身体已变成美人鱼，也许这是因为西非曾迎来以美人鱼为船首雕像的西方船舶。这样的水神对于当地人来说是一位异域美女，

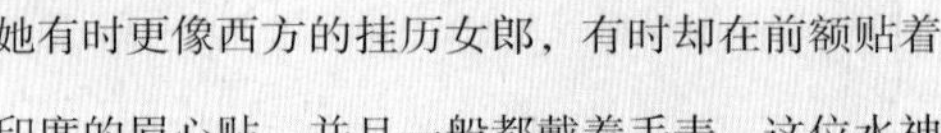

她有时更像西方的挂历女郎，有时却在前额贴着印度的眉心贴，并且一般都戴着手表。这位水神乘着奴隶船来到了新大陆。如今在海地和纽约，勒泽伦（Lasirèn）之名为人熟知，在伏都教仪式中，她以美人鱼的形态出现。

有时我们也根据其他东西的碎片创造我们的神奇生物。巴厘岛从未有人在密林深处见过狮身守护神巴龙革（Barong Ket）。不过每个巴厘人和大多数巴厘岛旅行者都在祭典剧场上见过“它”。在文化作品中，巴龙革面具呈现出印度教雕塑风格，身体形态的设计则源于整个东南亚地区举办的中国庆典中常见的舞狮和麒麟。一位祭司承奉面具，使巴龙革舞入乡村祭典，巴龙革寄居于面具中，使舞者入神。如此，当巫师让特（Rangda）令世界陷于混乱和危险中时，巴龙革可以恢复世界秩序。

神奇生物不仅拥有长久的生命力，还能够随着文化演进改变为新的形态，栖息于可与人类互动的新地域，它们有时以节日面具的形态出现，有时出现在视频游戏或日本动漫中。日本动漫中的神奇生物是驯化版本，

其形态更倾向于有趣，而非激起恐惧，但依然十分迷人。当科学渐渐揭示出库克罗普斯们和格里芬们的源起，人类会用机敏的大脑和巧妙的双手创造出新的神奇生物。

舞狮

这张木版画描绘了一场日本舞狮表演，由喜多川歌麿创作于 1789 年左右。

劳雷尔·肯德尔（Laurel Kendall）

美国自然博物馆人类学馆馆长

Von der Wallschlangen.

orwegen in stillem Meer/erscheynend Meerschlangē 300. schů
chafft den schiffleüten / also daß sy zů zeyten ein menschen auff
amend/vnnd das schiff zů grund richtend : erhebend sölche kr
ß auch zů zeyten ein schiff darunder hin faren mag. Sölche ge
us in seinen Taflen gesetzt.

导言

历史上的神兽

在科学时代来临之前，人们用神话阐释世界。当人们无法解释某件事物或某种现象时，就用自己的创造性思维——这可是人类独特的进化特征——来解释它，并且还可能会为它添上许多修饰。例如生病，常常是因为某种诅咒；不认识的动物，就将它想象成一只神兽；地里之所以会喷出熔化的石头，是因为地下火神在发怒。

本书所依据的“神奇生物”展览的核心是动物学与观察，具体来说是我们将如何观察以及我们如何分析观察对象。

如果我们对众神兽进行粗略归纳，会发现它们之间有不少相似之处——真正非常怪异非常独特的东西其实很少见。比如大多数文化中的传奇生物都有巨蛇，这是个很明显的例子。神奇生物通常是多种动物的组合体，这些真实存在的动物的身体特征被拼在一起，以创造出某种幸运、卑劣或丑恶的东西，其特性随文化背景而变。满世界都是巨人、引诱男人赴死的女妖、海蛇、大型空中生物以及在水面行走的动物的传说。但是，我们仍然只能在极少数的例子中，为这些神话的源头列举详细的物证或真实现象。不过，我自己有三两个喜欢的例子，它们阐述了现实世界的现象如何促成神话的诞生，这其中有个人经历，也有人所共知的事例。

作为一个年轻的科学家，我还记得一年级时一个关于血液循环的科学实验。老师告诉我们，如果把双手罩在耳朵上，你就能听到鼓膜上传来自己的心跳。那一晚，我把耳朵压在枕头上，也听到了同样的声音。当灯光熄灭时，我立即将这个新发现投入应用。我让同住一个房间的弟

新大陆的海蛇（对页图）

该页选自瑞士博物学家康拉德·格斯纳（Konrad Gesner）的《费奇伯奇》（*Fishbuch*，1575）一书。图中描绘了一条巨大的海蛇，据报道称，它出现于挪威海岸，身长 37 米，足以缠绕整艘船只，吞下所有船员。

波斯巨鸟

图中是一只思摩夫（Simurgh），它是波斯神话版的大鹏鸟。该画来自史诗《列王记》（*Book of Kings*）于17世纪的某个版本。这部史诗讲述的是波斯帝国的历史，由阿布依-察西姆·菲尔多西·图希（Abu'l-Qasim Ferdousi Tusi）写于第10世纪末。思摩夫被视为仁慈的智慧生物，图中的思摩夫正在营救一个婴儿，后者将成长为伟大的波斯勇者之王扎尔（Zāl）。

弟托德（Todd）也这么做，他被自己听到的声音吓到了。我告诉弟弟，那是一整群叫作汤汁鼓手的怪物，等他睡着了，汤汁鼓手就会来吃掉他。在失眠了好几天后（实际上不止好几天），他告诉了我们的爸爸妈妈。实际上，此事并没有把他吓到要接受心理治疗的程度，倒是变成了我们如今常开的一个玩笑。但他觉得那是他当时遭遇的最糟糕的事，于是他就用自己的风格把它转达给了现在的孩子们——只不过他们可不像出生在20世纪60年代的父母那样好对付了！当你无法用好的方式（或像这样“邪恶”的方式）解释某种现象时，神话便是一种强大的阐述方式。

除了来自兄弟姐妹的恶作剧外，神兽的故事也常常源于世界各地的真实生物，其中有些如今已经灭绝了。这样的常见神兽之一便是巨鸟。说到巨鸟，大家立即就会想到犹太文化中的席兹（Ziz）、《一千零一夜》中的大鹏鸟（Roc）和北美的雷鸟（Thunderbird）。在毛利还有婆乌凯（Poukai，见第105页）的传说，这种巨鸟捕食人类，尤其是小孩子。毛利传统画作中描绘过许多肉食性的大鸟，但在1769年，当詹姆斯·库克（James

Cook）船长成为第一个登陆新西兰的欧洲人时[1]，他的船员并没有见到婆乌凯，后来的殖民者也没有看到。相关的记录只存在于口口相传的传说、某些岩画以及一些绘画中。1871 年，考古学家在新西兰发现了一种已灭绝的巨鸟骨骼。随后发现的一些"婆乌凯"骨骼混入了早期毛利移民的人工制品。

考古学家分析这些骨骼后，认为它是某种巨鹰。最新的 DNA 分析表明，婆乌凯（今名哈斯特巨鹰，Haast's Eagle）与印度 - 澳大利亚板块现存的鹰类有近亲关系。它的翼展大约有 9 米，相应的最大体重大约是 14 公斤。对于一只飞行生物来说，它的体重非常重，相比其他近亲鹰类，它的翼展也相对较短。这也许能解释它独特的捕猎方式（见第 5 页）。

灭绝的恐鸟

上面这幅恐鸟的插画来自《灭绝的鸟类》（*Extinct Birds*，1907），该书作者是英国动物学家罗斯柴尔德男爵二世，莱昂内尔·沃尔特·罗斯柴尔德（Liond Walter Rothschild）。

波利尼西亚人于 13 世纪末来到新西兰，在此之前，除了三种蝙蝠外，整个群岛没有其他种类的哺乳动物了。不过这里有各种各样的鸟，其中还有一些不能飞的种类——大多数没有陆生哺乳类捕食者的群岛都有这样的鸟。在人类还未殖民于此的时代，新西兰最大的陆生动物是一群不会飞的鸟类，它们与鸵鸟有亲属关系，名为恐鸟。最大的成年恐鸟站高近 3.6 米，重达 230 千克。人们认为恐鸟是哈斯特巨鹰的主要猎物，不过恐鸟太大了，因此巨鹰们无法像传说中绑架幼儿一样将它们带走，而是用喙和爪配合自己的体重与速度，一边扇起狂风一边俯冲向毫无防备的恐鸟。遗憾的是，哈斯特巨鹰和恐鸟都在 1400 年左右灭绝了，此时毛利人已统治了波利尼西亚人约一百年。恐鸟是因栖息地遭破坏而灭绝的，哈斯特巨鹰则因恐鸟的灭绝而灭绝，因为

1. 1642年，荷兰探险家阿贝尔·塔斯曼（Abel Tasman）从船上望见了此地，但没能登岸。

富士龙

这是一张名为《升天之龙》(*Dragon Rising to the Heavens*)的彩色版画，出版于 1897 年，是一套描绘富士山版画的其中一张，作者是日本木刻版画艺术家尾形月耕。

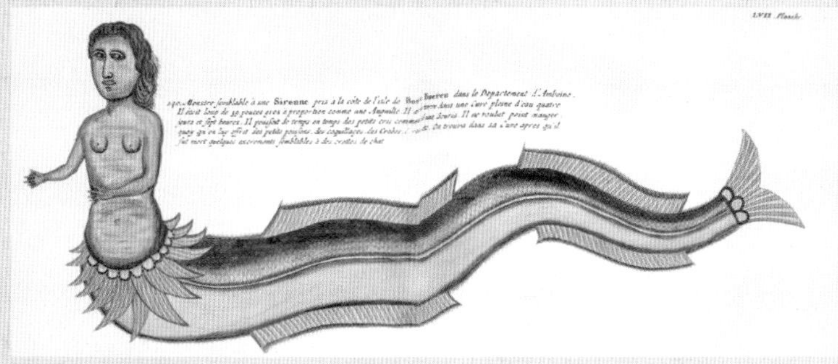

塞壬的呼唤

一张塞壬的绘图，来自一本名为《颜色各异且形态离奇的鱼、虾及螃蟹》（*Poissons, écrevisses et crabes de diverses couleurs et figures extraordinaires*，1678）的书籍，由胡格诺派出版商路易斯·里纳德（Louis Renard）在阿姆斯特丹印刷出版。

后者是它的主要食物来源。婆乌凯的传说依然存在于毛利人的当代神话中，这是一个教科书式的范例，证明了自然发现与现实体验是如何被组合成神话的。而在没有化石证据的情况下，恐鸟之外的大多数神奇生物都会被认为是纯幻想出来的。

无论我们如何定义自己的种族或文化，神奇生物都隐匿在我们心中的某个角落。龙、大脚野人、各种海蛇、迷人的女妖以及杂交怪兽依然真切地存在于世界各地的文化中。有一些神兽与恐鸟一样，是真实存在的；而有一些像汤汁鼓手一样，仅仅是某个未知现象的一种解释；但大多数神奇生物只是由一大堆体验和观察糅合而成的、以混合的图画和故事呈现的神话。成千上万的神兽在世界各地的传统文化中流传，经久不衰。

马克·A. 诺雷尔（Mark A. Norell）

美国自然博物馆古生物学分馆馆长

ISLANDIA.
Priuilegio Imp. et Belgico decennali A. Ortel. excud. 1585.
Almingar
Adalvig
Langabak
Iokulfiord
Grumavig
Isfiord
Aunanderfiord
Suganderfiord
Dyrafiord
Arnarfiord
Talknafiord
Patrix fiord
Kolsvig
Bredevig
Hualo tuo
Bard
Rangasand
Glama
VESTFIORDVNG
Perpetuæ nives
Steingrimsfiord
Reykiafiord
Beidileisa
BLOE
Skagin
Skagafiord
Skagastrand
Kolbeins dalur
Malin ey
Drang ey
Pingora closter
Vatznes
Getland
Bald Iokul
Kluka
Fons cereuisialis qui aliquando ob domini sui auaritiam sedem mutauit
Staphholt
Hiatus terræ fœtentes
Reykia Dallur
Lundur
Finguolur
Occidens
Flatey
Bin eyar
Breydafiordur
Pelle strand
Huams fiord
Huams suert
Skogur strand
Hrunfiord
Kolgurfiord
Helga fell
Kumbrunvig
Hallarsfiord
Brimnes
Ondvertnes
Sneuels Iokul
Staps
Stadarsted
Londranga
Hellur
Hafsfiorderey
Hersey
Borgerfiord
Stromsfiord
Akranes
Hualfiord
Melastadur
Mospeltz sneit
Videy closter
Skerifiord
Bessested
Kongard
Fontes feruidissimi
AVLVOS
Hafnarfiord
Seluopa
Rosmalanes
Kestavig
Klinvig
Grundavig
Rykianes
Tangi
Eldey
Geie fuelasker
Geie eiar
B.
C.
D.
E.
F.
G.
H.
I.
5 10 15 20
Scala milliarium Islandicorum
350 351 352 353 354 355 356 357 358 359 360 1 2
353 354 355 356 357 358 359 360 1 2
68
67
66
65
64

第一部分

Creatures of the Deep

水在召唤着我们。它柔缓又迷人，同时也能释放致命的力量。住在水底深处的神奇生物是水里深藏的秘密，它们唤起好奇、希望以及对未知的恐惧。这些生物像水一样美丽诱人，不过，它们究竟是与我们共享勃勃的生机，还是在引诱我们走向毁灭呢？

冰岛地图

这幅 1585 年的地图名为《冰岛》（*Islandia*），图中有几只海怪在冰岛外的海水中腾跃。画家是著名的 16 世纪佛兰德制图师亚伯拉罕·奥特柳斯（Abraham Ortelius），他在收到丹麦历史学家安德烈亚斯·韦莱伊乌斯（Andreas Velleius）送他的地图后创作了这幅画。左下方是海牛的拉丁名“*vaccae marinae*”，还有一只被称为马头鱼尾怪（*hippocampus*）的动物。

第一章

海中怪物

在那深海上层的轰鸣声下
向那无底的海水更深处，更深处去
克拉肯正睡着
睡他久远的、未被侵扰的、无梦的眠……
他在那里躺了很久很久，并且还会继续睡下去……
直至末日的火焰烘热深海
人类和天使都将看见
他在咆哮声中浮上水面，而后死去

——阿尔弗雷德·丁尼生
《克拉肯》（*The Kraken*，1830）

人们为什么会看见海怪？广阔的海洋有时是骇人的。在离岸数英里外的风暴席卷的海面上，四面八方，甚至天上脚下也全都是水，于是，船员或渔夫忍不住会疑惑那水深处潜伏着什么。在海洋尚未被开发的时代，这些恐惧往往会催生出想象中的怪物。

许多海怪都有真实存在的动物的特征。例如一条巨大的触手会被想象为巨海蛇或多臂克拉肯的一部分——人们的眼睛只需看见一块碎片，思维就会为这碎片补足剩余的部分。夸大、错认，再加上引发共鸣的文化象征，人们以此创造出海怪的故事。这些故事展现更多的往往是想象者的思想，而非自然界的相关信息。

海怪（对页图）

荷兰版画家阿德里安斯·科莱尔特（Adriaen Collaert）在1594—1598年创作了这张版画，画中的海怪正在袭击一艘船。

多臂怪物

细节

· 描述它的斯堪的纳维亚传说可回溯至1180年，据说克拉肯生活在挪威和冰岛附近。

· 它那柔韧的长臂（或触手）与大王乌贼或巨章鱼的触手十分相似。

· 它非常大，甚至有时看上去像一圈岛屿。

· 它会散发出一种特别的味道诱捕鱼类，而且食量巨大。在它捕食时，渔夫会匆匆赶至，期望能在它嘴下分一杯羹。

克拉肯

神话中的克拉肯（Kraken）也许是人类曾想象出来的最大的海怪。在有些故事里，它的长度超过了2 500米，臂肢就像船上的桅杆一样又粗又长。也许是因为其想象来源于巨大的乌贼触手，所以这种多臂怪兽很少袭击人类，而更愿意待在深水中尽情吃鱼。当它浮出水面或沉入水中时，便会将距离太近的船只吸入它所造成的漩涡中，这是它所能带给人们的主要危险。

传说中克拉肯的模型（左）

数百年前，欧洲水手传言有一种叫克拉肯的海怪，它能用许多长臂把船抛向空中。如今我们知道那不是“海怪”，只是一种现存的海洋动物——大王乌贼。它有10条触手，它的触手可以长得比巴士校车还长。

巨怪（对页图）

该画由法国博物学家皮埃尔·德涅斯·德·蒙福尔（Pierre Dénysde Montfort）创作于1801年，图中有一只巨大的八爪鱼状生物，正在安哥拉近海攻击一艘船。

细节

· 它的眼睛是现存动物中最大的，每只眼都有人头那么大。

· 如鹦鹉嘴般尖锐的喙为它们的存在留下了第一份“证据”。1853 年，一只大王乌贼被冲上丹麦海岸，人们将它切碎做成了鱼饵，只留下了它的喙。正是这份证据让人们在 1857 年确认了大王乌贼属（*Architeuthis*）。

· 很难在接近海面的地方看到这种深海生物，大多数目击者都只看到被冲到岸上的大王乌贼，它们要么正在死去，要么已经死去。

· 它们的吸盘可以在鲸身上留下伤痕。

大王乌贼

五百年前，北欧的水手讲述了一种令人吃惊的生物：这种怪物比人还大，有无数像蛇一样的长臂，上面满是用来捕捉猎物的吸盘。这种所谓的魔鬼鱼是真实存在的，证据包括鲸的胃里发现的巨大触手残片，以及其吸盘和爪钩在鲸皮肤上留下的可怕伤痕。19 世纪 50 年代，科学家们终于发现魔鬼鱼是一种真实存在的动物：大王乌贼（giant squid）。

1873 年，杰出的加拿大博物学家摩西·哈维（Moses Harvey）教士从渔夫那里得到了一条鱿鱼触须，这可能是在大王乌贼袭击渔船时被砍下来的。哈维这样描述这条 5.8 米长的触手：

“现在我拥有了整个动物王国中最罕见的珍品之一：一条真正的触手，属于迄今都只是传说的魔鬼鱼。博物学家已经就其存在争辩了数个世纪。我知道我手中正握着一把打开这个巨大谜团的钥匙，自然史正在翻开一个新的篇章。”

大王乌贼的触手

这个罐子里装着大王乌贼（*Architeuthis kirkii*）触手的一部分，有 2 米长。1997年，渔民在新西兰附近捕到完整的标本，将其冰冻装船，运至纽约的美国自然博物馆。整只动物长 7.5 米，但这远小于大王乌贼的平均体长：有些个体甚至能长到近 20 米。

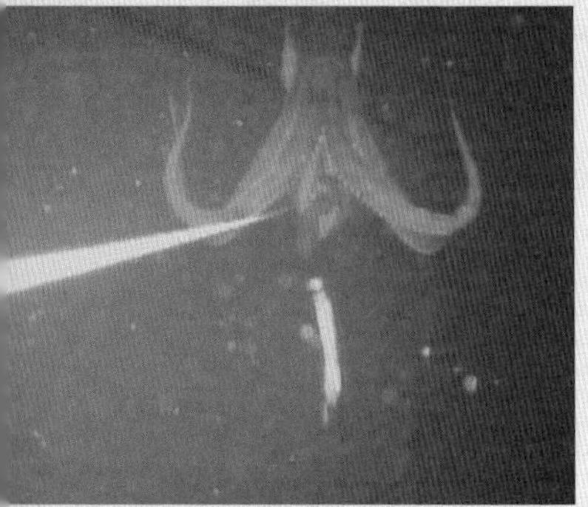

第一张照片（上图）

直到 21 世纪，人们才终于拍到了活的大王乌贼。2005 年 9 月，在日本附近的太平洋深处，一只 8 米长的大王乌贼抓住了一条饵线，触发了自动照相机，被拍摄到五百多张照片。这只乌贼最终挣脱了束缚，只留下一条被撕裂的触手。当这条 5.5 米长的残肢被拖上甲板时，它仍然在动。

捕获？（右图）

这张 19 世纪的版画描绘了一只大王乌贼，据说它于 1861 年 11 月被法国蒸汽船阿勒克图号（Alecton）的船员捕获。

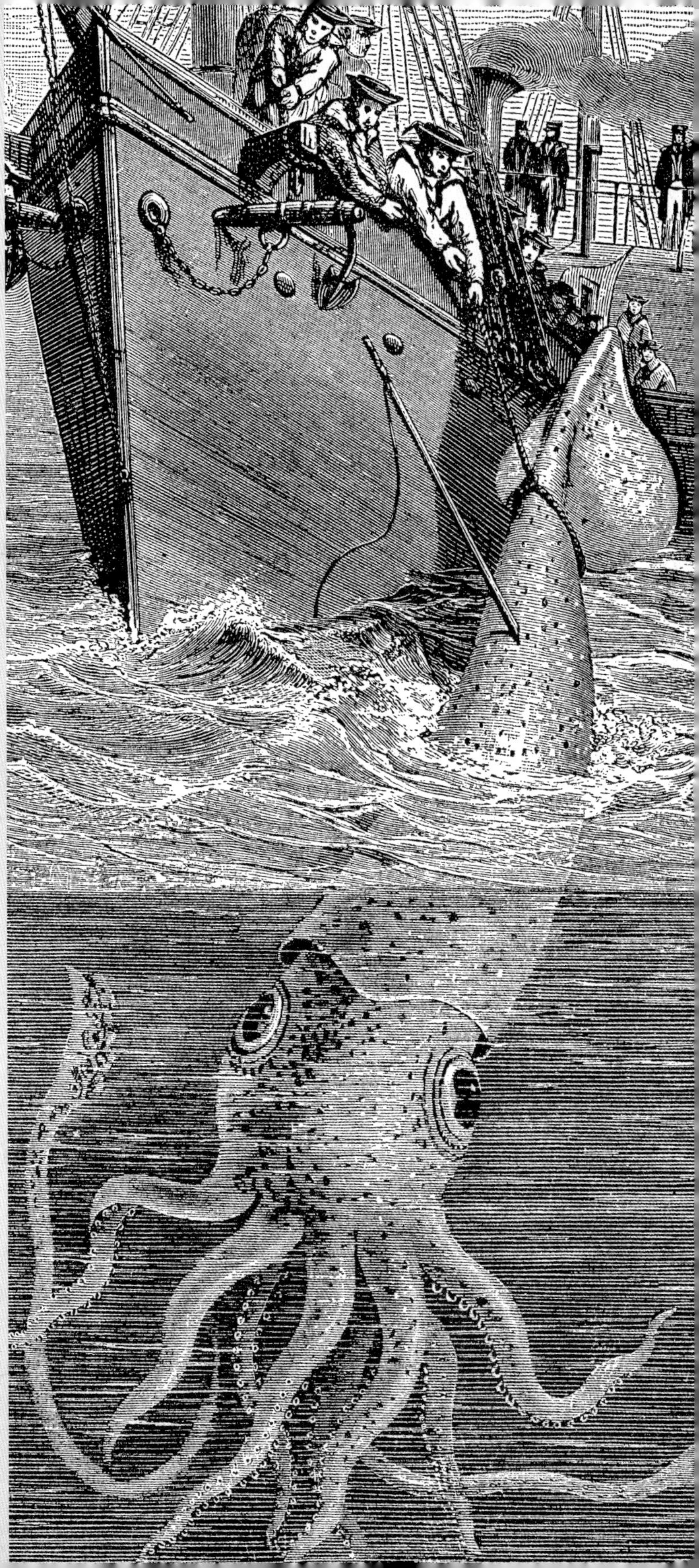

什么生物比大王乌贼更大？

大王乌贼还不是最大的乌贼。早在 1925 年，科学家们便已知道还有一个更大的物种，但在 2007 年之前，人们连后者的一小片样本都没有。2007 年，渔民们在新西兰近海将这一物种拖上了甲板。它就是“巨枪乌贼”，是现存最大的无脊椎动物。大王酸浆鱿（*Mesonychoteuthis hamiltoni*）自成一属，比大王乌贼属的所有种类都重。

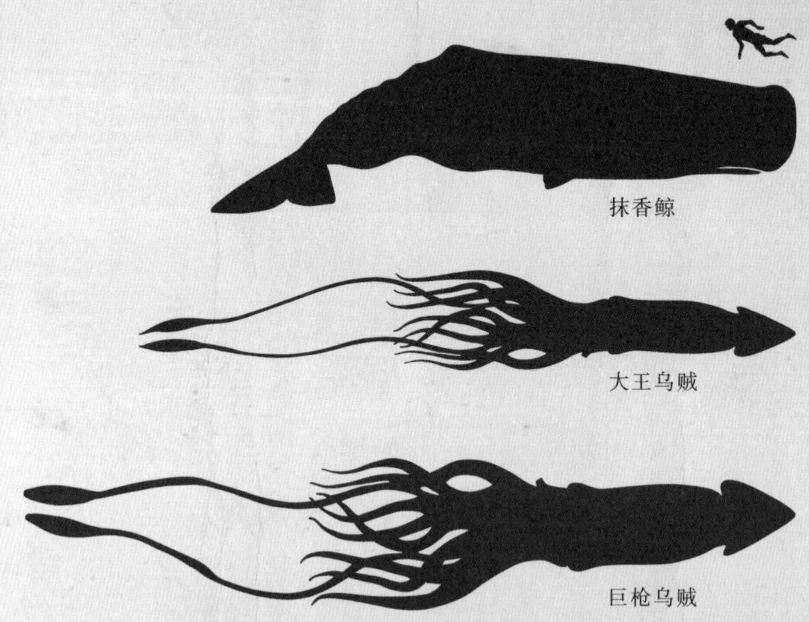

“那是一只 7.6 米长的大王乌贼，它正朝鹦鹉螺号冲去，行进的速度非常快……我们可以清楚地分辨出它触手内侧排布的 250 个吸盘，其中一些固定在了休息室的玻璃嵌板上。这怪物的嘴垂直张合，其中的角状喙就如同长尾小鹦鹉的喙……自然真是太奇妙了！一只软体动物长着鸟喙！”

——儒勒·凡尔纳《海底两万里》

（*Twenty Thousand Leagues Under the Sea*，1870）

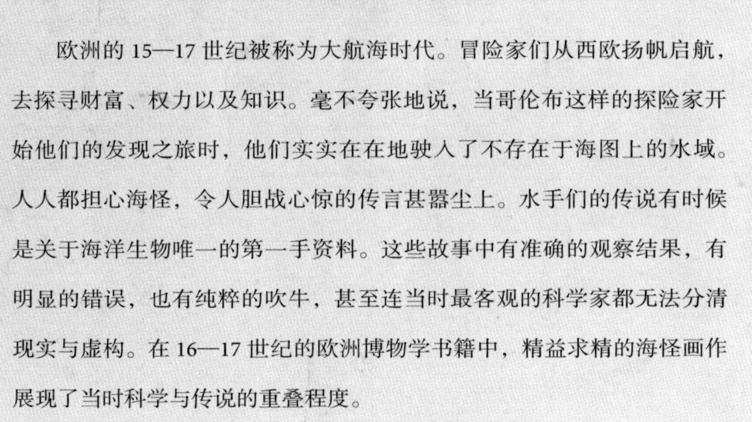

发现怪兽

欧洲的 15—17 世纪被称为大航海时代。冒险家们从西欧扬帆启航，去探寻财富、权力以及知识。毫不夸张地说，当哥伦布这样的探险家开始他们的发现之旅时，他们实实在在地驶入了不存在于海图上的水域。人人都担心海怪，令人胆战心惊的传言甚嚣尘上。水手们的传说有时候是关于海洋生物唯一的第一手资料。这些故事中有准确的观察结果，有明显的错误，也有纯粹的吹牛，甚至连当时最客观的科学家都无法分清现实与虚构。在 16—17 世纪的欧洲博物学书籍中，精益求精的海怪画作展现了当时科学与传说的重叠程度。

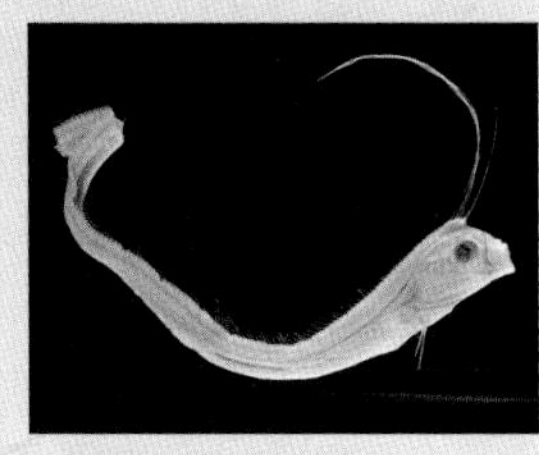

撕下面具的海蛇?

古老地图上一些海蛇的图画明显是以桨鱼或皇带鱼（*Regalecus glesne*，如左图）为素材画成的。皇带鱼是一种鳗鱼形状的长条状鱼类，可生长至 11 米长，它的头部有一个亮红色的鳍冠，一条多刺的背鳍延伸在整个背部直至尾端。下面这幅版画是 W. D. 芒罗（W.D.Munro）于 1860 年创作的，名为《巨蛇，1 月 22 日发现于百慕大群岛饥饿湾》（*The Great Serpent*，*found in Hungry Bay*，*Bermuda*，*on January 22*）。

Le monstre marin ayant facon d'un moyne.

在那之前，为博物学书籍撰文或绘图的欧洲人多半以过去的书籍为参考依据，最德高望重的是亚里士多德这样的古希腊大师。但之后，欧洲开始兴起一种新的知识观点，它着眼于直接的观察，从此，在世界各地实地考察的博物学家们送来的信息就变得越来越重要了。在这个过渡时期，人们很可能会把一种新发现的动物描写成神兽。

有许多人真的认为自己看见了海蛇，但没过多久这些信息都被证明是错误的。比如说，一些“海怪”的尸骸最后被证明是部分腐烂的姥鲨（basking shark），这种大鱼可以长到9米长。另一个例子是人们错认了一条“幼年海蛇”，实际上它是一条畸形的黑蛇（black snake），而那些庞大的海蛇不过是大团飘浮的海藻。

鱼之书（上图）

在16世纪的书籍里，关于海洋生物的最惊人的画作包括“海僧侣”（Sea monk）和“海主教”（Sea bishop）。此处画的就是前者，选自皮埃尔·贝隆（Pierre Belon）1555年所作的《鱼的习性与多样性》（*The Nature and Diversity of Fishes*）。这些神秘的海洋生物可能是在丹麦和德国被捕获的，它们有一部分身体特征有点像天主教牧师的经典长袍和主教帽。

平行宇宙（右图）

这张图来自贝隆1555年的著作，图中是一只马头鱼尾怪，这种海怪有马的头和鱼的身体。根据当时流行的理论，所有的陆地动物都有对应的海洋版本。

海洋生命之书 （上图）

1557 年，德国百科全书作者康拉德·吕科斯塞涅斯（Konrad Lykosthenes）在瑞士巴塞尔市出版了这本书，名为《预兆与奇迹编年史》（*Prodigiorum ac Ostentorum Chronicon*）。在这页海洋图景上，各种危险的怪物正在开阔的海面上等待着水手，其中包括一只巨大无比的龙虾（标记为 M），它用触角刺穿了一个人。这些生物看上去稀奇古怪，但其中许多都具有现实动物的特征。

约拿和海怪？（下页图）

安东尼·维里克斯（Antonie Wierix）在 1585 年前后创作了这张版画，其源自约拿与鲸的圣经故事。《旧约全书》的约拿之书描述了先知约拿所受的苦难。他违背上帝，舍弃生命从一艘船上跃入海中。但他得救了，他被一只巨鲸吞入腹中，在 3 天的祷告后，他被吐到了干燥的陆地上。在许多早期画作中，尤其是中世纪的画作，圣经里的鲸常常被画成海怪或海蛇。

尼斯湖水怪

能引发人们丰富猜想的故事是很有生命力的，那些无法被证伪的故事更是如此。比如尼斯湖水怪——可见右边这张当代的拼接照片，据说这一水怪生活在苏格兰北部的一个湖中。研究者们用水下摄像机和声纳搜寻了数十年无果，而且某些所谓的证据最终被证明只是骗局，但人们依然蜂拥而至，期望能幸运地窥见“尼斯湖水怪”。

“1734 年 7 月 6 日，在离开格陵兰南岸时，我们发现了一只海怪。它的头在抬起时与我们的主桅楼一样高。它的鼻子又长又尖，像鲸一样喷水。它有宽阔的大爪，身体覆盖着鳞片，皮肤凹凸不平，像条大蛇。向下俯潜时，它的尾巴甩到了空中，单单尾巴看起来就有整条船那么长。”

——挪威传教士、格陵兰前主教汉斯·埃格德（Hans Egede）

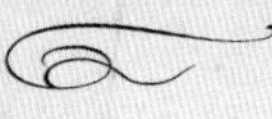

海蛇还是海豚?

海蛇的传说是不是源于成排跳跃的鲸、海豹或海豚（如下图所示）？1872 年，A. 哈斯尔（A. Hassel）船长报告称，他在得克萨斯州加尔维斯顿港附近航行时看见了一条“巨大的蛇”，它“背上有 4 个鳍”，约有 61 米长。他的一些船员画了下面这张图，与实际的照片一对比，显而易见，一排海豚是有可能被错认成一条巨蛇的。

QVE VA PAR CALICVTE

330 340 350 360

La Trinidad

Fernando
Lorenzo

Bª del placel
Bª S Miguel

de S. Vincēta
C. del palmar
Bª hermosa
S. Miguel
Brotimgao
C. de placel
R. de las piedras
Pº del confeito
S. Alexo
R. S. Miguel
Anegado
R. de canafisto
Baxos todos santos
Monte fragoso
R. de La plata
S. Ieronimo
Rio de las costas
Rio de Cosmos
R. de brasil
Punta segura
Rio de m. george
S. Toma
S. Saluador
Baxos de pargas
R. de brasil

IO
SIL

Cabo S. Agostin
Rio S. Francesco
Rio Real
Rio de todos Santos
Rio de S. Agostin
Acensan
La Trinidad
Rio de la uirgines
Cabo de los baxos
Golfo de los reys

A. Sension
S. Elena
Islas de Martin vaes
Isolas di S. Maria lagosto

OCEANVS
AVSTRALIS

Golfo de S. Bastiano

改版的神话

欧洲移民来到澳大利亚和美国时，他们带来了新的传说，同时也向原住民了解当地的神话。在这些神话传说中，无疑会有很多吓人的怪兽和强大的精灵。有的人对这些传说持否定态度，而有的人不断讲述或者复述各种故事，使它们流传开来。

人们在接触其他文化时，往往也会改变自己的信仰。比如传教士就常常劝说别人放弃他们之前的信仰。但旧的传说并不会消失，它们常常会被存留下来，再与新的思想混合，有时新来者也会接受当地的信仰。

关于神话，有一个有趣的问题：神兽也会灭绝吗？所有的神话生物都很神秘，我们往往不能确定它们的故事从何而来、它们的意义是什么，以及它们为什么如此吸引我们。若想得到关于神话和其他故事的答案，最好的办法就是询问讲述它们的人。但是如果那些人都已经去世，他们的歌声与故事已永远缄默了呢？如果诞生神兽的文化没有文字记录呢？人类学家、考古学家和心理学家能通过研究古代的器物得出强有力的理论和深刻的洞见。但在许多情况下，神话的最终答案却是：我们永远也无法确切知晓。

地图（对页图）

一幅 1562 年的详细地图，名为《美国或世界第四部分最精确的新描述》（*Americae Sive Qvartae Orbis Partis Nova et Exactissima Descriptio*），作者是安特卫普的耶罗尼米斯·科克（Hierohymus Cock）。在左下角南美沿岸，一只雄性人鱼骑在一只大海怪上，举着西班牙的王室纹章，环绕着他的有其他海怪、鱼、船以及另一只雄性人鱼。

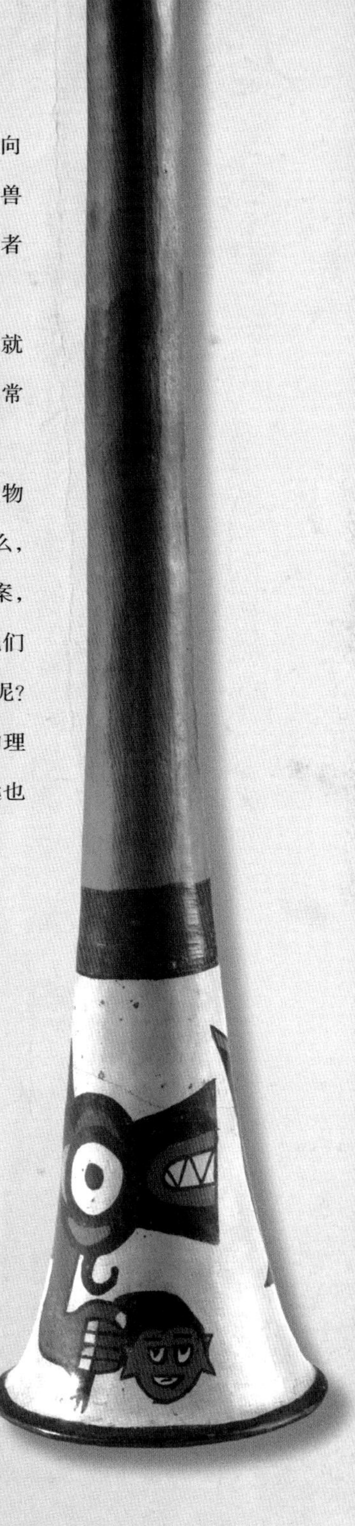

杀人鲸号（右图）

这支秘鲁陶号（公元前 300—公元前 800 年）上绘着神秘的纳兹卡杀人鲸（见第 26 页）。它与普通的鲸不同，有手臂和不同的背鳍。这支号上的杀人鲸拿着一个人头。

细节

- 澳洲土著曾说本耶普有用来吃人的锐利尖牙。不过随着人们对它的恐惧的减少，它们现在常常被描述成食草动物。
- 大多数人说本耶普毛发蓬乱，不过也有人说它有鳞片或羽毛。
- 它们大概和一只小牛一样大。
- 它们可能有用于游泳的鳍状肢，后者在夜里会变成腿，以方便在陆地上行走。

本耶普

据传说，澳洲的河、湖、沼泽中曾生活着一种叫本耶普（bunyip）的吃人怪兽。它的咆哮声能刺穿夜空，令人们不敢进入水中。夜晚，本耶普会悄悄在陆上潜行，捕食女人和孩子。

随着时间的推移，当欧洲移民开始重述这土著故事时，它就变得不那么吓人了，意义也改变了。在 19 世纪，人们用这个词来骂人，意为“冒名顶替的骗子”。本耶普变成了食草动物，不再吃人，如今它常常作为一种友好的生物出现在孩子们的书里。

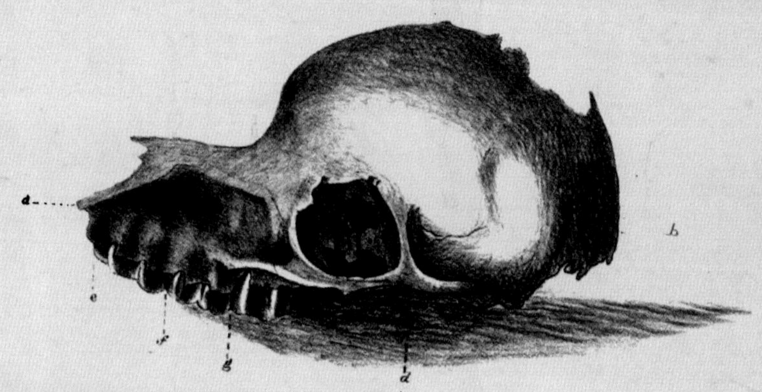

是本耶普吗？（上图）

一些殖民者着迷于澳洲本耶普的故事，把一些大型的未知头骨当成了本耶普的头骨。1846 年，悉尼的澳大利亚博物馆展出了一具“本耶普头骨”，它的发现地点是马兰比吉河。这个发现激发了大众的想象，《悉尼先驱晨报》（*Sydney Morning Herald*）称：“几乎每个人都立刻意识到自己曾在夜里听到池塘里有‘奇怪的声音’，或是在水里见过‘黑乎乎的东西’。”上图所绘的头骨是 1846 年前后《塔斯马尼亚自然科学杂志》（*Tasmanian Journal of Natural Science*）重印的，但没过多久它就被确认为是畸形的马头骨。

食人兽（左图）

本耶普的插图，来自 1910 年安德鲁·朗格（Andrew Lang）的《棕色童话书》（*The Brown Fairy Book*）。

"1847 年,《悉尼先驱晨报》称，有一位牧人迎面遭遇了一只本耶普。他说它有小牛那么大，有'很大的耳朵，在察觉到他时竖了起来，从头到脖子有很厚的鬃毛，还有两枚大尖牙。他转身跑了，而这只生物也惊慌地跑走了,（并且）拖着脚跑得很难看'。"

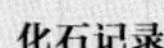

化石记录

双门齿兽（*Diprotodon*）是一种食草的有袋类动物，它在澳洲一直存活到约一万年前（下图是一张现代插画）。它的化石有时会被认为是本耶普的遗骸。

细节

· 纳兹卡陶器上绘着许多神话生物，杀人鲸只是其中之一。其他的生物看起来像鸟、猴子、蛇或人。

· 神话的杀人鲸比现实的鲸类多出更多背鳍。

· 它的鳍往往被手代替。

· 它拿着一个人头，但未必意味着邪恶。秘鲁纳兹卡人自己就收集人类头骨。他们是猎头族吗？他们倾向于收集祖先的头骨吗？

纳兹卡杀人鲸

一只杀人鲸……抓着一个人头？如今被称为纳兹卡人的古人类在他们的陶器（见第 23 页）上描绘了这种惊人的生物，并在地上刻出它巨大的轮廓。这野兽是什么？它拿着人头是要干什么？没人知道。

在大约公元前 1 年至公元 700 年，纳兹卡人生活在南美的西海岸沿岸，也就是如今秘鲁的区域。而后他们消失了。他们多彩的陶器上画满了令人迷惑的画面，比如虚构的杀人鲸——现在没有人知道这些画的意思。

纳兹卡线条

纳兹卡人最著名的创作是他们刻在地面上的巨大图形，这些图形至今仍然清晰可见。这些线条组成了神秘的花纹和图画，它们如此巨大，以至于站在地表无法看清。也就是说，纳兹卡人自己也很可能从未完整看到过它们。纳兹卡陶器上所绘的许多生物也被描绘在这些巨画里，包括杀人鲸。在不同的时期，这些线条曾被以为是路、巨型历法，甚至是宇宙飞船的着陆点——以上这些猜测基本上都已经被否定了。

双柱瓶

这个陶制容器来自公元前 300—公元 800 年的秘鲁，它的形状像是纳兹卡神秘的杀人鲸。在公元前 1 年至公元 700 年的 7 个世纪里，纳兹卡陶器的风格不断变化，共有 8 种不同的风格。纳兹卡人所使用的意象随时间流逝而改变，因此，无论神秘的杀人鲸具有什么象征意义，这种意义也很可能在随着时间而改变。

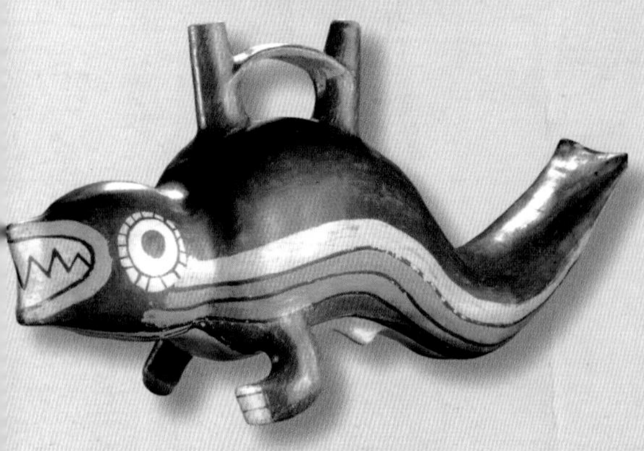

“1529 年，西班牙修道士弗拉·贝尔纳迪诺·达·萨阿贡（Fra Bernardino da Sahagún）前往墨西哥，要将阿兹特克人转变为基督徒。他详细地记录了阿兹特克的传说故事，其中包括一长段对水猴（Ahuizotl）的描述。他的目的并不是要保存这些故事，而是要扑灭与之相关的信仰：‘如果教士自己都不熟悉这些偶像崇拜行为、迷信仪式、陋习和预兆，那我们又如何针对它们进行讲道？’”

水猴

水猴是一种像狗一样的怪物，据说它会在夜里像婴儿般哭叫，引诱人们赴死。墨西哥的阿兹特克人讲述着它们如何生活在深深的水池底下的故事。它有像猴子一样的手和脚，还有一条长而卷曲的尾巴，尾巴末端还有一只手。当人们对婴儿的哭泣声作出回应时，水猴便用尾巴上的手抓住他们，将他们拖入水中。数天后，受害者的身体会浮出水面，但是眼睛、牙齿和指甲都没有了。

细节

- 在阿兹特克的传说中，水猴和狗一样大小，有尖尖的耳朵。
- 水猴的手和脚像猴子或浣熊，它有一条长而灵活的尾巴，尾末端有一只手。
- 水猴会像婴儿般哭叫，引诱人类接近它居住的水域，然后把他们拖入水下。

水猴雕刻

1502 年，这块水猴石雕被嵌入墨西哥特波茨兰附近的一座阿兹特克庙宇的墙上。画中的神兽其实是一种形意象征。它代表了阿兹特克的统治者威佐特（Ahuitzotl），他是位野心勃勃的军事领袖，于 1486—1502 年为他的帝国征服了广阔的新疆土。

驯化的怪物

神兽们如何适应现代世界？

当古老的故事进入现代世界后，许多曾经吓人的传说也变得温和了，因为现代人期望儿童能够保持天真无邪的状态。曾经骇人的神兽们变得可爱萌甜，逗人喜欢。比如在日本有一种叫作河童（Kappa）的怪物，很久以来人们都知道它会把孩子拖入水下溺死。但如今，日本的孩子更熟悉可爱友好的河童，它们会出现在玩具、电影和童书上。

在传统神话里，河童和孩子一般高矮，但比成年人还要强壮。它有一张像猴子般的脸，却有一个喙；皮肤绿色有鳞，还有一具像龟一般的壳；手脚有蹼，气味像鱼。

在日本，孩子们不断被告诫在河里和池塘里游泳时要小心，以免被河童拖到水底。因为河童喜欢吃黄瓜，父母们曾把孩子的名字写在黄瓜上，扔入水中当作礼物，这样河童就不会在他们的孩子游泳时将孩子拖入水底溺死。

河童的头上有个碗状的凹痕，里头装的水是它力量的来源。当河童离开水时，它的核心力量就是它头上的水。所以当你遇到一只河童时，一定要向它鞠躬。迫于礼节它也会鞠躬回礼，这样它头上的水就会洒出来，它就会失去力量。你可以用这种方法逼它回到河里或池塘里。

传统河童

描绘河童的日本画作，选自 19 世纪的《怪奇谈绘词》（*Kai-kidan Ekotoba moster scroll*）。

河童面具

河童面具有时会用于庆典或装饰。这种由纸浆与细绳制成的面具在日本东京的一个现代庙会上出售。这张脸意味着这只河童是友好且有童趣的。

河童根付

这种小小的木头与象牙雕塑名为“根付”，它最早被用作拴扣，将小容器或小袋子固定在和服上。根付自 17 世纪开始使用，如今深受收藏家们青睐。上图中的根付是一个河童趴在一只蛤的背上。

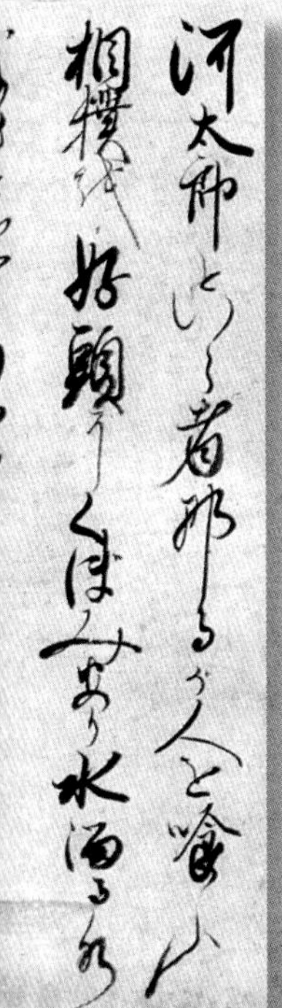

现代河童

在现代的日本，河童依然与生活息息相关。许多常见的俗语都和河童有关：

- 河童卷：黄瓜寿司卷（因为河童喜欢黄瓜）
- 河童头：波波头短发
- 河童雨衣：稻草编的雨衣，有点像河童的壳
- 河童也是会淹死的：意指专家也会出错
- 河童放屁：意为无事生非
- 《河童米奇》（*Kappa Mikey*）：在美国和日本放映的卡通电视剧，其片名可能源于上述的河童卷
- 东京的河童桥

第二章

成为美人鱼

水涌，水升，
一位渔夫坐在水边，

而后，看哪！一只湿淋淋的美人鱼
从翻涌的深水中跃起。

她朝他歌唱，对他说话，
我想他的命运已经注定。
她牵着他，他半沉在水中，
然后再也不见。

——约翰·沃尔夫冈·冯·歌德
《渔夫》（*The Fishman*，1808）

为何有这么多水妖看上去像美人鱼？在世界各地的人们所说的水怪多是半人半鱼的。尽管这些美人鱼各不相同，但它们都有一些相同的特征。例如，欧洲、非洲和美洲的美人鱼都随身携带梳子和镜子。随着商人和奴隶向全世界传播美人鱼的故事和工艺品，这个细节也从欧洲传至非洲再传至美洲。很多时候水妖并非最初便有美人鱼的外形，而是在外来者引进了美人鱼的形象后才变成这样的。

美人鱼雕刻 （对页图）
荷兰雕刻家埃伊迪乌斯·萨德勒（Egidius Sadeler）的作品，名为《美人鱼的寓言》（*Fable of the Mermaid*），作于1608年。

ARCHA

欧洲美人鱼

在欧洲传说中，美人鱼是美丽的、诱人的、危险的——就和大海本身一样。它们可以带来好运或厄运。船首的破浪神雕像有时就是美人鱼的形态。有些水手用海象牙和鲸牙雕刻美人鱼，也有人拒绝雕刻美人鱼，生怕招来厄运。古往今来有许多欧洲人为美人鱼的存在作证，有些人甚至宣称自己当面见过它们。其中一些目击记录被标注到了地图上（见第 34—35 页）。

镜子，镜子（左图）

图中有两只美人鱼拿着镜子。这张精绘图画选自耶罗尼米斯·科克 1562 年画的地图《世界第四部分的美洲》（*America or the Fourth Part of the world*）。

从洪水中幸存（对页图）

这张图选自 1483 年的纽伦堡圣经，图中有一只美人鱼在诺亚方舟旁边。根据这张图所阐释的圣经故事，当陆地动物都被救到方舟上时，美人鱼则待在方舟附近以度过危机。

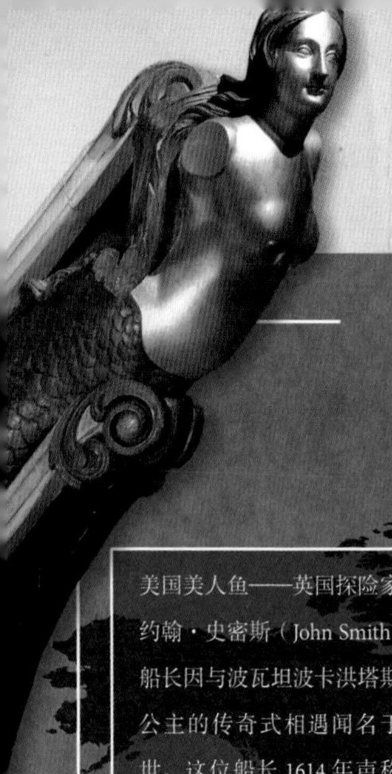

人鱼目击记录地图

20 世纪的目击——最近一次的美人鱼目击报告来自 1910 年的爱尔兰，有人在克莱尔郡看见了一只美人鱼。有人说美人鱼是恶兆，因为在 1849 年的目击事件之后发生了大饥荒。

美国美人鱼——英国探险家约翰·史密斯（John Smith）船长因与波瓦坦波卡洪塔斯公主的传奇式相遇闻名于世。这位船长 1614 年声称自己见到了一只美人鱼，还说它的眼睛是圆的，鼻子长得很漂亮，耳朵也很好看，有长长的绿色头发。他说，这只生物“富有魅力”。

美人鱼或海牛？——1493 年，在海地附近的海上，哥伦布宣称自己看见了三条美人鱼，不过他说它们“没有故事所描述的那么漂亮，脸看上去像男人”。他可能只是瞥见了海牛。

专家所言——罗马作家老普林尼是一位科学权威，他在公元 77 年完成了 37 卷本的著作《自然史》（*Natural History*），在之后一千多年的时间里，它一直是自然科学方面最权威的著作。老普林尼这样描述美人鱼：“它们不是令人难以置信的传说……看看画家们如何描绘它们，它们是真实存在的。”

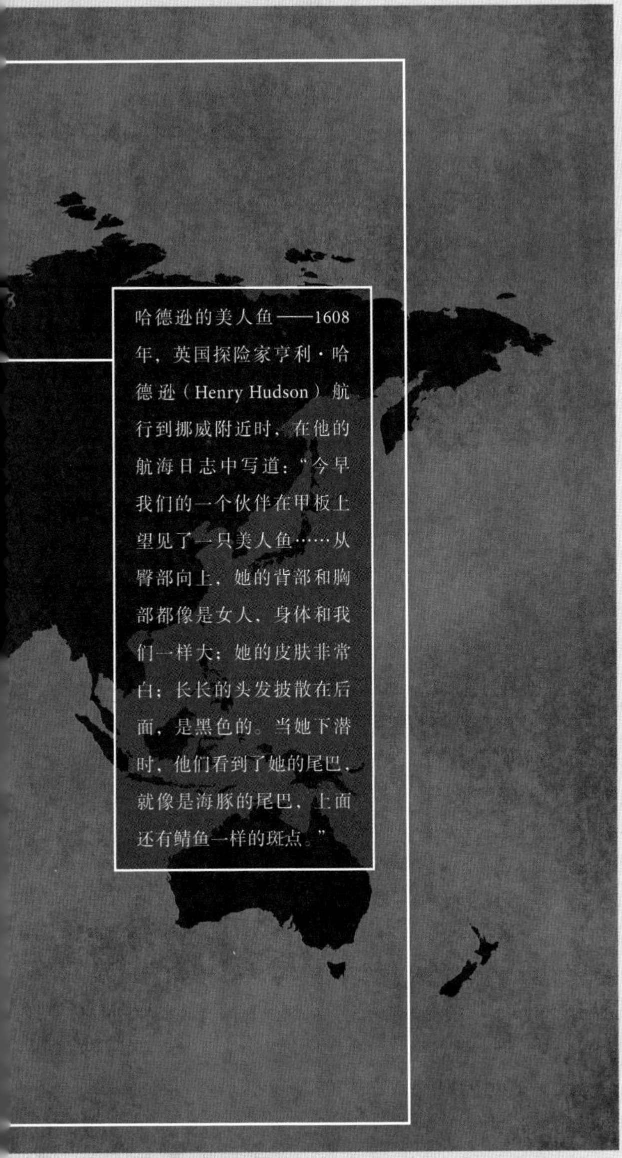

哈德逊的美人鱼——1608年，英国探险家亨利·哈德逊（Henry Hudson）航行到挪威附近时，在他的航海日志中写道：“今早我们的一个伙伴在甲板上望见了一只美人鱼……从臀部向上，她的背部和胸部都像是女人，身体和我们一样大；她的皮肤非常白；长长的头发披散在后面，是黑色的。当她下潜时，他们看到了她的尾巴，就像是海豚的尾巴，上面还有鲭鱼一样的斑点。”

海的女儿（上图）

1836年，丹麦作家安徒生将美人鱼的故事编写成了最令人难忘的形式：《海的女儿》。在这个悲剧童话里，一只年轻的美人鱼为了在陆上行走而失去了自己的声音。这张插图选自1899年的一版《安徒生童话》，插画家为海伦·斯特拉顿（Helen Stratton）。

美人鱼船首破浪神 （对页图上方）

20世纪初一艘美国船舶船首上的木制美人鱼像。

美人鱼与蛇（上图）

此图名为《水》(*The Water*)，是1547年左右荷兰雕刻家菲利普·加莱（Philip Galle）模仿马库斯·海拉特（Marcus Gheeraerts）的作品而创作的。图中的美人鱼抓着一条蛇，就如非洲美人鱼水神 Mami Wata 一样（见下页）。

城市象征（左图）

华沙美人鱼自中世纪以来就是波兰首府的象征。这尊雕塑（原件仿品）矗立于华沙的老城广场上，原雕塑是青铜件，由康斯坦蒂·黑格尔（Konstanty Hegel）创作于1855年。

非洲与加勒比海的美人鱼

细节

- 水神在非洲西部、中部和南部的二十多个城市里都有崇拜者。
- 她有又长又直的头发。
- 她出现时常常带着镜子和梳子，是美与虚荣的象征。
- 她有时穿着时尚的外国服装，常常还戴着手表。
- 她抓着一条蛇（在美人鱼的形象开始流行之前，非洲的许多水妖都是蛇形）。
- 水神有时会引诱人们入水赴死，不过其中有些人会拥有特殊的能力，作为她的灵媒返回岸上。
- 人们常常把水神画在彩票厅的墙上，以求好运。

水神

水神“Mami Wata”是非洲最出名、最强大的水妖。她有多种形态，但最常被描绘成美人鱼。水神能治愈疾病，为她的追随者带来好运。不过她脾气也很坏，会把不服从她的人淹死。她能召唤人群，引发混乱、瘟疫与幻觉。许多追随者通过舞蹈入神以寻求她的帮助。她的名字意为“水之母”，不过“Mami Wata”这个异域风格的名字也很合适，因为追随者们相信她来自另一个世界——海的世界。

据说，数百年前西非居住着许多水妖。在伊博人和其他部族的传说里，有些水妖半鱼半人，但更多的看起来像蛇或鳄鱼。到了16世纪，以美人鱼为船首破浪神的欧洲船只开始来往于非洲。这些异邦人从海上来，就如非洲的水妖一样。这些船只上的美人鱼会不会是水神的雕塑？

随着时间流逝，欧洲美人鱼的传说与本土传说混杂到了一起，越来越多的非洲人将他们的水妖描绘成半人半鱼的生物。许多故事融合成了一个，于是到如今，许多非洲城市里最强大的水妖都是“Mami Wata”。

水神（对页图）

这块黄铜穿孔装饰盘上绘着水神 Mami Wata，这一装饰盘来自 19 世纪中期至末期尼日利亚东南部的埃菲克族。

水神（右图）

加纳共和国沃尔特地区的一面墙上画着 Mami Wata。

细节

· 勒泽伦的传说在加勒比海和美洲一些地区广为流传，其中混合了非洲和欧洲美人鱼的故事以及加勒比区域的文化。

· 她常常拿着镜子出现，还有一把用来梳长发的梳子。镜子象征着虚荣以及她的世界和我们的世界之间的分界线。

· 在海地，她是伏都教传统中的强大女神。

勒泽伦

作为一种强大的水妖，美人鱼勒泽伦（Lasirèn）的传说在加勒比群岛和美洲的一些地区流传。与欧洲美人鱼和非洲水神 Mami Wata 一样，勒泽伦也拿着一面镜子欣赏自己，还用一把梳子梳她那又长又直的头发。勒泽伦的水底世界被称为“镜子背面”，她的镜子象征着两个世界的分界线。勒泽伦的崇拜者说她将他们带入了她水下的世界，然后他们带着新的力量返回人间。有些女人以这种方式成为伏都教女祭司。

勒泽伦的故事混合了非洲和欧洲的美人鱼传说以及加勒比海区域的文化。当非洲奴隶被带到加勒比海时，他们也带来了他们的传说。在海地，勒泽伦是伏都教传统的一部分。她的崇拜者在仪式中向她祈求帮助，于是勒泽伦的灵魂可能会进入某个女性崇拜者的身体中，为其工作、健康、钱财和爱情带来好运。

勒泽伦是三位强大的女性水妖之一，有时她们被认为是姐妹，被供奉在海地神殿中。其中一位姐妹冷静又迷人；另一位性感、热情、易怒且强大；而勒泽伦的个性是这些对立面的混合体。她们三位的个性展现了各种各样的女性气质。

现代勒泽伦

这是一个马赛克瓶盖雕塑，名为《勒泽伦二世》（*Lasirèn II*），由美国艺术家约翰·T. 昂格尔（John T. Vnger）于2004年创作。

危险又迷人

Lasirèn 来自法语“Sirène”，意为“美人鱼”。在希腊神话里，塞壬（sirens）是一种人面鸟身的女海妖，她们召唤水手，引诱他们，致使他们的船撞上礁石。荷马的《奥德赛》（*Odyssey*）是公元前 800 年以前的一首希腊史诗，在诗中，英雄尤里西斯（Ulysses）把自己绑在桅杆上，从而抵抗塞壬的歌声。在最近数千年里，塞壬的传说混入了欧洲美人鱼的故事，现在美人鱼有时也会被称为塞壬。

奥德修斯

图为公元 2 世纪罗马的马赛克作品，描绘的是尤里西斯和塞壬的故事。

“美人鱼，还有鲸，
我的帽子掉进了海里。
我轻抚美人鱼，
我的帽子掉进了海里。
我与美人鱼同卧，
我的帽子掉进了海里。”

——海地伏都教唱给勒泽伦的圣歌

因纽特和原住民的美人鱼

细节

· 赛德娜是因纽特人的海之女神，她的传说是依据因纽特早期文化中一个女儿复仇的故事改编的。

· 她被因纽特人尊为海洋哺乳动物之母，以及因纽特人的守护神。

· 传说她有一只小牛那么大。

· 西方捕鲸船到达北极之后，她才逐渐被描绘成美人鱼的形态。

赛德娜

赛德娜（Sedna）的故事是因纽特文化中最具戏剧性的传说之一。因纽特人住在阿拉斯加、加拿大与格陵兰岛的北极地区。这是一个关于背叛的夺命传说，在狂风暴雨的海面上，一个年轻女子被自己的父亲从船上扔进了海里，然而她活了下来，并创造了鲸、海豹和海象——它们是因纽特人赖以生存的食物与材料。如今，赛德娜常常被画成美人鱼的样子，不过她并非一直如此。在捕鲸船进入北极之前，她在大多数传说中都像一个人类，或者人们根本就没有描述她的样子。而之后，半人半鱼者的故事开始与赛德娜的名字相关，出现在因纽特艺术作品中——许多来此的船只上都可见到美人鱼的形象。关于因纽特的海之女神，不同地区有各种不同的相关传说，除了赛德娜外，她们还有不少名字。这些故事有的抚慰人心，比如温柔的海之母塔里拉祖克（Taleelajuq）的传说，有的很吓人，比如赛德娜的故事（见对页图）。

赛德娜

这尊赛德娜大雕塑有长长的辫子漂浮在她的头顶，这是雕刻家皮齐欧拉克·尼维阿克西（Pitseolak Niviaksi）1991 年的作品。在此雕塑中，赛德娜的手指明显有蹼。在传统的故事里，赛德娜的人类手指被砍掉了。落入海中时，她的手指变成了海豹、海象和鲸。

从海洋来的礼物

赛德娜的故事是暴戾又悲伤的，但这个故事讲述了因纽特人最伟大的礼物的起源。就像数百年来任何一个重复讲述的故事一样，它也有很多版本。下文中的故事源于美国自然博物馆的人类学家法兰兹·鲍亚士（Franz Boas）于1885年出版的作品。鲍亚士走遍了巴芬岛南部以研究因纽特人，当时的他们还被称为“爱斯基摩人”。

赛德娜的故事

有一位因纽特人独自和女儿赛德娜生活在一起，女儿一直没有结婚。最后，有一只鸟向她许诺，让她在海对岸过上舒服的生活。于是她和它结婚了。但这只鸟没有遵守诺言，赛德娜的新生活充满了寒冷与饥饿。一年后，她的父亲来访，她求父亲带她回家。于是她父亲杀了那只鸟，和女儿一起启程出海。

因纽特人的世界

因纽特人生活在严酷的北极环境中，主要依靠捕猎海洋哺乳动物获取食物。据说这些动物是赛德娜创造的。

鸟的朋友们知晓此事后，用翅膀扇起了一阵巨大的风暴。赛德娜的父亲害怕淹死，便把女儿扔下船去想独自逃命。赛德娜抓住了船舷，于是她父亲砍下了她的指尖，它们变成了海豹。赛德娜还是紧抓不放，于是她父亲砍掉了她的指关节，这些肢体变成了海象。最后他砍掉了她的指根，它们变成了鲸，最终赛德娜沉入了海中。

令人吃惊的是，赛德娜没有淹死。大海平静下来后，她父亲让她回到了船上。但赛德娜发誓要复仇，回到家后，她让她的狗咬断了父亲的手和脚。她的父亲诅咒了他们父女二人，于是大地裂开口，把他们吞了下去。从此以后，他们就住在地下世界里。如今赛德娜被因纽特人尊为海洋哺乳动物之母，以及因纽特的守护神。

细节

· 尧克尧克生活在水穴里，在穴中，创造了世界的原始力量依然强大；它们运用这种力量带来雨水，并帮助人们怀上孩子。

· 除了美人鱼形态外，尧克尧克还有许多其他形态，比如鳄鱼、箭鱼或蛇。

· 如果你在水里看到带状的海草或绿藻，那可能是尧克尧克的头发。

· 澳大利亚不同地区的原住民对尧克尧克有不同的称呼，例如：Ngalberddjen、Ngalkunburruyaymi、Djómi 和 Jingubardabiya。

· 尧克尧克可能会嫁给人类，但如果这位尧克尧克决定返回水中，这段婚姻就会中止。

尧克尧克

在澳大利亚，土著居民会说到一些古老的神灵，它们创造了陆地、树木和动物，现在依然生活在神圣的水穴里。其中一些名为尧克尧克（Yawkyawk）的神灵，长得像美人鱼：这些年轻女性有鱼尾和带状海草或绿藻般的长发。有些人说这些神灵夜里会长出腿来，在陆地上行走，甚至能以蜻蜓的形态四处飞翔。尧克尧克有赋予生命的力量，一个女人仅仅是靠近尧克尧克的水穴就能怀孕。尧克尧克提供可以饮用的水和雨，让植物得以生长，但如果她们生气了，就会带来暴风雨。

其他国家的水神成为美人鱼的形态，是在欧洲的传说融入之后。但在澳大利亚，尧克尧克在欧洲人抵达之前就已经接近美人鱼的形态了。有时，一个故事或一种形象会从一个国家传递到另一个国家，但有时，人们只是恰好都创造了相似的故事。

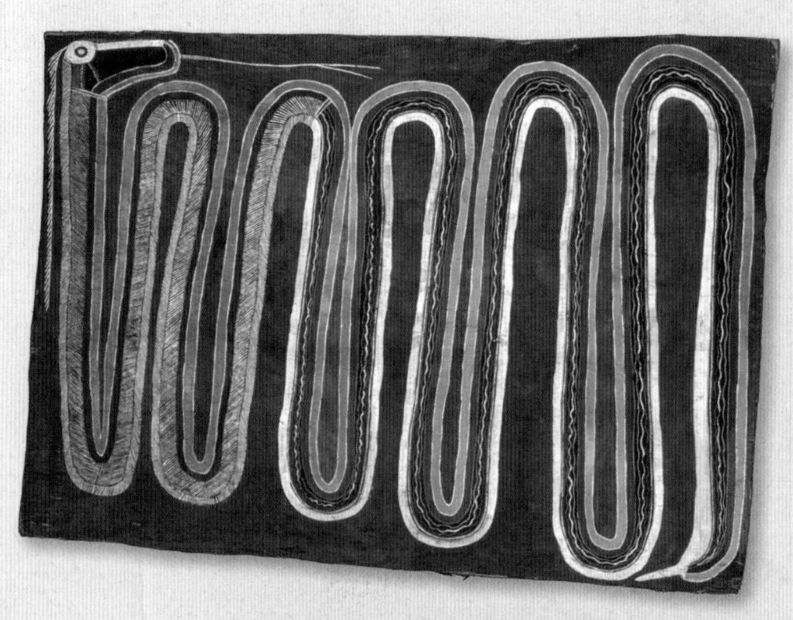

复杂关系 （对页图）

澳洲土著的创造神之一是一条名为恩格鲁亚得（Ngalyod）的虹蛇。此图是20世纪后半叶的一张树皮画。恩格鲁亚得与尧克尧克的灵魂相连，但两者关系在不同地区不同族群中也是不同的。有些人说尧克尧克是恩格鲁亚得的女儿，有些人说他们是夫妻，有些人说他们是不同形态的相同神灵。

尧克尧克雕塑 （右图）

2005年，生于1960年的玛丽娜·穆迪楞伽（Marina Murdilnga）用纤维创造了这具尧克尧克，其使用的并不是传统材料。这位艺术家创作的尧克尧克像代表了住在她家乡（澳北区马宁里达）附近的女性水神。

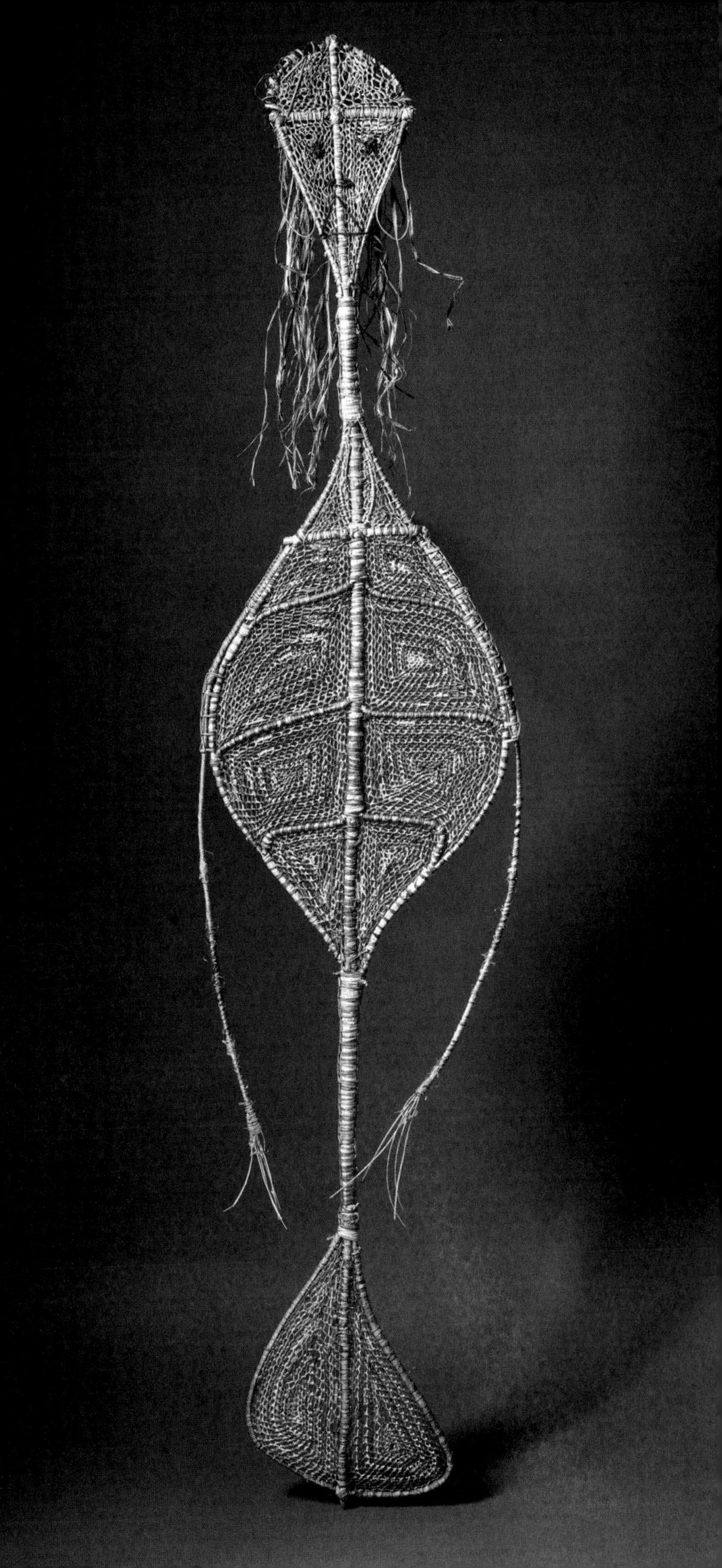

假斐济人鱼

想创造一只美人鱼吗？取一只猴子的头和躯干，加上鱼的尾巴，把它们缝在一起就可以了。人们制作这种假美人鱼的历史至少有四百年了。最初的伪造事件在东印度群岛上，一共有数百具假美人鱼被制作出来卖给英国和美国的水手。著名的马戏团老板 P.T. 巴纳姆（P.T.Barnum）实现了史上最大的美人鱼骗局。1842 年，巴纳姆骗了纽约数千人，让他们付钱观赏号称是斐济岛附近抓的美人鱼。假斐济人鱼（Feejee Mermaid）如今被用来指称所有如此炮制的美人鱼。

1842 年，纽约的报纸宣称人们在太平洋斐济岛附近抓到了一只美人鱼。事实上，马戏团老板 P. T. 巴纳姆是从波士顿某位博物馆老板那里租来了这一伪造人鱼的。为了吸引观众来看这干瘪枯萎的畸形玩意儿，巴纳姆发了一万张传单，而传单上画的美人鱼看起来像美丽的年轻女孩。结果，如一份报纸所说，惊骇的游客们发现“假斐济人鱼简直就是丑陋的化身”。

2005 年，赝品美人鱼的照片在网上广泛流传。据推测，人造人鱼应该是被 2004 年 12 月 26 日发生于印度洋的灾难性海啸冲上印度海滩的。

炽烈的结束（上图）

这是一张 19 世纪的平版印刷画，名为《燃烧的巴纳姆博物馆，1865 年 7 月 13 日 》（*Burning of Barnum's Museum*，*July 13*，*1865*），原画作者是美国画家克里斯托弗 · P. 克兰奇（Christopher P. Cranch）。位于纽约的巴纳姆美国博物馆在 1865 年被一场大火烧毁，假斐济美人鱼与其他展品一起化为了灰烬。

展览（右图）

画中，一位女子正在前波士顿博物馆的一场展会中观看玻璃内的“假斐济人鱼”，该图来自 1856 年的一份波士顿旅游手册。

假斐济人鱼（对页图）

人们认为，因 P. T. 巴纳姆而出名的假斐济人鱼原件已毁于一场大火，但有些人认为图中的人鱼可能才是真的原件。它在 1973 年的某批博物馆藏品中被重新发现，这具用木头、纸浆、羊毛和鱼骨制成的藏品已有一百多年的历史。有些学者觉得它与巴纳姆有关，但其真实来源已不可考。

第二部分

陆地

Creatures of the Earth

我们与无数动物共享大地。它们中的一些为我们所熟知，有些则不然。大地上的神兽有的很好辨认，有的却长得很奇怪。有时它们的身体似乎是普通动物的肢体以奇怪的方式拼合在一起的，有时它们不过是我们见过的动物，只不过拥有了非凡的魔力。

普通与非凡

荷兰画家保卢斯·波特（Paulus Potler）的这幅作品名为《被俄耳甫斯迷住的野兽》（*Orpheus Charming the Beasts*，1650）。图中，传奇的希腊音乐家弹起七弦竖琴，音乐的魔咒迷住了许多野兽，其中便有一只发光的独角兽。

Cum Privilegio

第三章

远古怪兽

波吕斐摩斯和尤里西斯船长

这是一段非凡的历史：

后者是位杰出又英勇的英雄，

前者是个恶棍，是个令人望而生畏的存在——

这个可怕的巨人活在一个洞穴里，

每天都要吃两三个人

…………………………

他只有一只眼，……一只可怕的眼——

“大得像日轮（维吉尔说）！”

——约翰·戈弗雷·萨斯

《波吕斐摩斯和尤里西斯》（*Polyphemus and Ulysses*，1873）

神兽有没有骨头？想象你沿着古希腊的一处断崖漫步，看到一根比你的腿骨大出几倍的腿骨，你会怎么想？如果你看到一个巨大的类人头骨，眼窝处只有一个洞，你会怎么想？或是看到一具有四条腿和卷曲尖锐的喙的骨架？这都是些什么样的生物？

如今，科学家认出了这些骨头，它们分别是灭绝已久的猛犸、恐龙和其他动物的遗骸。但对古希腊人来说，这些陌生的骨头证明了流行故事与历代游记里所描绘的巨人、库克罗普斯和格里芬们的存在。

神话中的库克罗普斯（对页图）

这是1572年科内利斯·科特（Cornelis Cort）模仿提香创作的版画，在画中，铁匠库克罗普斯们在希腊火神赫菲斯托斯（Hephaestus）的熔炉里工作。

格里芬

细节

· 传说格里芬住在山中窝巢里。

· 它的头、上部躯干和爪都像鹰或其他有喙鸟类，比如孔雀。

· 它的主躯干像狮子，有四条腿，有时还有蛇尾。

· 它的黄褐色的皮像狮子，毛皮有斑点，或有彩色的羽毛。

· 大多数描述中的格里芬都有翅膀，但也不是都有。

北非、中东与欧洲的许多文化传说中都出现过格里芬（Griffin）形态的怪物。但格里芬们在每个文化中并非都代表一样的东西。有时格里芬象征着贪婪；有时它被视为庄严高贵的生物，就如鹰或狮子一般。令人眼花缭乱的格里芬插画至少可一直追溯至公元前3300年。在多种文明的艺术品中——尤其是在中世纪欧洲的徽章里，格里芬广受欢迎。如今，格里芬也出现在流行儿童电影中，比如《纳尼亚传奇》（*Narnia*）系列，以及《爱丽丝梦游仙境》（*Alice's Adventures in Woderland*）这样的书里。

希腊钱币（右上）

这枚画着格里芬的金币来自乌克兰克里米亚半岛区域——这里曾经是古希腊殖民地。它的历史可追溯至公元前370—公元前350年。

自然界中的格里芬（右图）

图中是一只被植物环绕的格里芬，由戴维·洛根（David Loggon）于1663年模仿著名波希米亚蚀刻师文策斯劳斯·霍拉（Wenceslaus Hollar）的作品雕刻而成。

格里芬雕塑

强大的神兽常被用作学校、公司，甚至运动队的徽标。美国木雕师乔·伦纳德（Joe Leonard）在 20 世纪 80 年代创作了这尊格里芬雕像，与此同时他也为宾夕法尼亚州的一所中学雕刻了另一尊相似的作品，这所中学的校徽就是一只格里芬。

“格里芬居住之所与黄金现身之处是一片无情又恐怖的沙漠。在无月的夜晚，寻宝者们带着铁铲和麻袋来此，开始挖掘。如果这些人能成功躲开格里芬，他们便能收获双重的奖赏，因为他们活着逃走了，还带回了一批黄金——考虑到他们面临的危险，这真是丰厚的回报。”

——希腊作家艾利安（Aelian），约公元 200 年

罗马小雕像（左图）

古代的艺术家常常将格里芬和希腊复仇女神涅墨西斯（Nemesis）联系在一起。此处这尊光滑的彩陶像来自公元 150 年左右的埃及，这是一只正在转动命运之轮的格里芬，而涅墨西斯便是用此轮来决定人的命运。

印度的“格里冯”（下图）

这幅插画源于 1552 年版的《宇宙志》（*Cosmographia*），作者是德国制图师塞巴斯蒂安·明斯特尔（Sebastian Münster）。

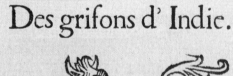

蓝色格里芬

这张手绘墨水画中有一只猞猁和一只格里芬，图画来自1250年左右的《诺森伯兰动物寓言集》（*Northumberland Bestiary*）。

NINVS.

城市象征

格里芬在古亚述帝国的神话和绘画中十分常见。此图是一幅1600年左右的荷兰版画，由阿德里安·科莱尔特（Adriaen Collaert）创作。图中描绘了一只陪同尼努斯（Nineveh）的格里芬，前者在希腊神话中是亚述首都尼尼微的传奇创建者。

细节

·2000年，传统民俗学家阿德里安娜·梅约辩称，原角龙化石与格里芬之间的众多相似性表明这些化石可能影响了人们对这种神兽的认识。

·原角龙生活于白垩纪晚期（约1.4亿—6500万年前）。

·它们有格里芬一般的"喙"。

·它们有和格里芬很像的四条腿。

·原角龙化石中又薄又脆的褶边常常折断，只留下小块的残余，这被认为是格里芬的耳朵。

守卫戈壁黄金

两千多年前，吃苦耐劳的黄金矿工在广袤的中亚戈壁沙漠里搜寻财富。这些矿工是塞西亚人，是公元前800年至公元200年掌控中亚大部分及中东北部地区的骑马民族。希腊作家们以旅行者的故事为依据，描绘了在戈壁灼人的热浪里，矿工们不仅要对抗烈日，还要与强大的格里芬搏斗的故事。后者是一种凶猛的半鹰半狮生物，守卫着无数黄金宝藏。

在人类抵达戈壁的数百万年前，沙漠的某些区域是一种看起来结合了鹰和狮子身躯部分的动物的家乡。但这些动物不是格里芬，而是恐龙。戈壁的特定区域里有很多恐龙的骨骼，包括这些四腿有喙的原角龙。在沙漠里工作的古代黄金矿工也许见到了这些化石，这些化石激发了他们塑造格里芬的灵感。

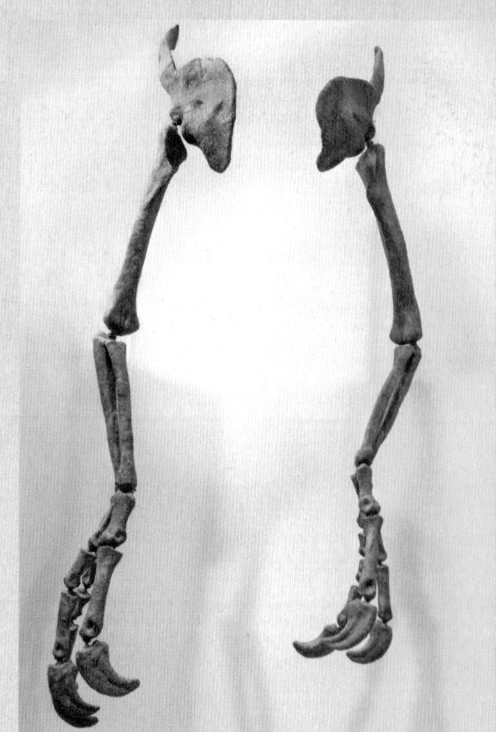

借来的肢体

戈壁中发现的各种恐龙化石可能都对格里芬的不同形态描述有所贡献。这其中有镰刀龙（*Therizinosaurus*）和恐手龙（*Deinocheirus*）巨大的爪子，它们和某些描述中的格里芬的爪子很像。

“我们停在一处低矮的山窝里。我还没来得及把车钥匙拔下来，就听到马克激动的喊声……在数英尺外，接近山窝的最低处，有一只绝妙的原角龙头骨和部分骨架，这个大家伙的喙和弯曲的指头都朝西指着我们的露头小岩层，就像一只格里芬指出了一处被守卫的宝藏……我们继续扑向这些拥有非凡连贯性的珍贵标本……当马克喊道‘头骨’时，我几乎同时也能找到另一个。缓坡与浅谷的地表撒满了（化石的）白色碎片，就像是有人往地上随随便便地倒空了一罐油漆。”

——在美国自然博物馆 1993 年组织的一次戈壁探险中

古生物学家迈克尔·诺瓦切克（Michael Novacek）和马克·A. 诺雷尔发现了原角龙化石，

此为迈克尔·诺瓦切克对发现过程的描述

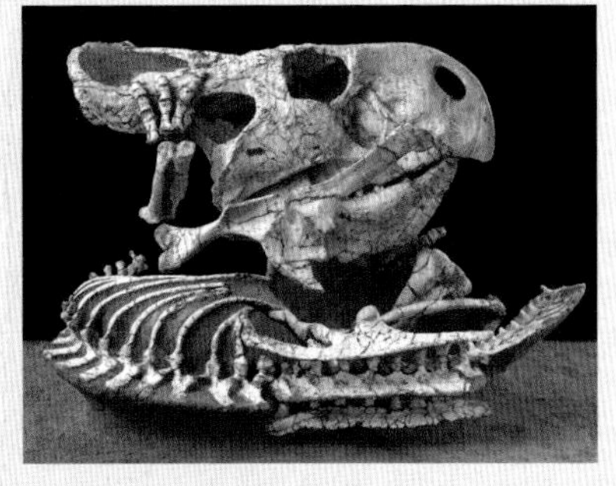

到处都是证据

在世界上的许多地区，恐龙化石都极其罕见并且难以搜寻——但这并不包括戈壁沙漠的某些区域。在 20 世纪 20 年代的一次戈壁沙漠探险中，美国自然博物馆的罗伊·查普曼·安德鲁斯（Roy Chapman Andreus）发现了（上图）这具突出山侧的原角龙标本。在数千年的时间里，人们在这一地区不断发现原角龙化石。右图是“神奇生物”展览中展出的一份标本。

巴龙革

类似于独角兽和格里芬这样的神兽从人类的想象中诞生，在传说与神话里定居。有时候，当神兽们在戏剧或表演中出现时，人们会与它们进行互动。例如印尼巴厘岛笨重、毛发蓬乱的巴龙革常出现在祭典戏剧里，它动作笨拙地穿过人群，吸引观众，邀请观众们参与进来。巴龙革会在表演中和混沌之力搏斗，而参与搏斗的村民知道，世界已恢复平静，今日一切安宁。

作为精灵之王和善良之神的领袖，巴龙革对于巴厘岛的许多居民来说就是大号的村庄保护神。最出名的巴龙革表演是它与恶魔女王让特的战争。当巫师让特制造混乱时，狮子般的巴龙革便会来拯救世界，以一种暴烈的演出方式来抗击恶魔。双方在战斗中都不会获得最终的胜利，这使表演变得戏剧化、仪式化。与确定的结局相反，秩序和混沌之力会保持一种平衡状态。

但巴龙革也很淘气，它常常戏弄村人。巴厘岛的大多数村民都有一件如本页右上方图中的巴龙服套，在季节庆典中，年轻人会穿上他们自己的巴龙服套四处互相拜访。这种远足能让邻近的村子凝聚在一起，还能让年轻人认识其他村子的异性。

巴厘岛不同的地区有不同的巴龙服套，每一种都像不同的动物。巴龙革像狮子，巴龙班卡（Barong Bangkal）像野猪，巴龙马汉（Barong Machan）像老虎，巴龙伦布（Barong Lembu）像奶牛，巴龙阿苏（Barong Asu）像狗。巴龙革是巴龙里最著名的一种，因为它来自吉安雅地区，那里是乌布的旅游中心。

这些表演在 20 世纪 30 年代引起了西方人的关注，这多亏了美国自然博物馆著名的人类学家玛格丽特·米德（Margeret Mead）及其同事格雷戈里·贝特森（Gregory Bateson）。

巴厘岛的巴龙（对页图）

这套巴龙革服套是美国自然博物馆定制的，它于2011年由乌布村的一位男性村民制作而成。它的设计与构造由村社的重要成员尼·瓦沿·默尼（Ni Wayan Murni）监督完成，制作材料是木材、水牛皮、人造毛发、玻璃、羽毛、棕毛、金属、油漆、金箔、布料和染料。

皮影（右图）

这些让特与坦汀麻（Tanting Mas）的皮影来自1984年的巴厘岛。让特是巴厘岛上一个半神半巫的邪恶女王，常常与巴龙革战斗。她的长相很恐怖，通常是一个近乎全裸的老女人，有乱糟糟的长发、下垂的胸、爪子和尖牙，还有一条伸出的长舌头。而坦汀麻是巴厘岛神话里的另一个女王，据说她又暴躁又记仇。

现场表演

巴厘岛巴龙革表演的现代照片。一位舞者负责舞动头部，张合嘴巴；另一位负责扭动巴龙革的金色尾巴。巴龙革服套的灵感也许是来自中国舞狮及舞麒麟的精制服套。

希腊巨人

细节

· 地质事件会摧毁大象史前亲戚的头骨，只剩下类人的巨大长骨、脊椎和肋骨。

· 大象近亲的长骨和人类的长骨很相似，足以令人混淆。

· 古代作家常常声称找到了数百英尺高的巨人残骸，它们比大象或任何其他动物都要高很多。被发现的骨骼可能是几只动物的残骸混杂在了一起，这些报告中透露出人们想把这混杂的骨骼重构成一个巨人的意图。

从美国民间传说中的伐木巨人保罗·布尼安（Paul Bunyan）到挪威的创世神伊米尔（Ymir），巨人一直活跃在各种文化的传说中。古希腊人将巨人们描述为有生老病死的血肉之躯——在他们被埋葬之处，还能发现他们出土的骨骼。事实上，甚至到了今天，人们还能在希腊找到极像人骨的巨大骨头。现代科学家已经证明这些骨头属于曾生活在该地区的猛犸象、乳齿象和披毛犀。但古希腊人不认识这些庞然大物，许多人都认为他们发现的巨骨是巨人的残骸。骨骼上任何非人的特质都被认为是巨人特殊的解剖特征。

“在帕列涅还未有人迹时，就已经有天神与巨人间战斗故事的流传。至今仍能看到（巨人死亡的遗迹），只要雨水引发山洪，过多的水冲破堤岸漫入田野。他们说，就算是现在，人们也能在山沟与深涧里发现无数庞大的骨骼，它们很像人类的尸骸，只不过要大得多。”

——希腊历史学家苏利努（Solinus），约公元 200 年

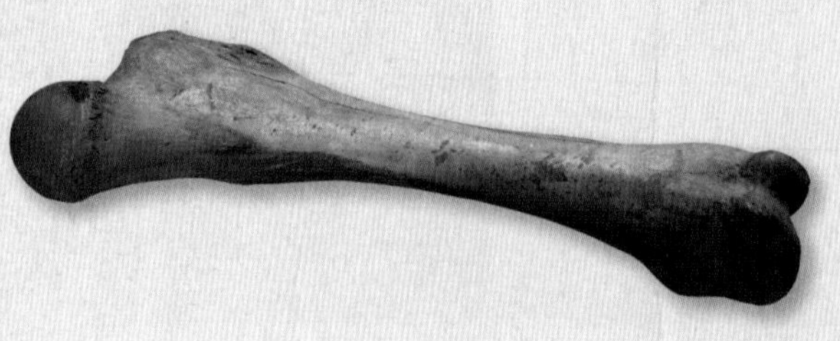

巨人的腿骨还是巨大的腿骨？

这根巨大的腿骨属于一头在阿拉斯加被发现的长毛猛犸象（*Mammuthus primigenius*，距今 50 万至 1 万年），不过它看起来非常像人类的臂骨或腿骨，只不过比后者大很多。许多古希腊人也都这么想，于是当他们发现类似这样的骨骼时，往往将它们当作巨人的骨骼。

与天神的战斗

希腊神话中，巨人都是乌拉诺斯（天神）和盖亚（大地女神）的孩子，但他们几乎从未出生过。乌拉诺斯害怕这些巨人会过于强大，便阻止他们出生，将他们囚禁在盖亚的子宫内。盖亚说服她的小儿子克洛诺斯去袭击乌拉诺斯，他做到了，溅在盖亚身上的血把巨人们释放了出来。

克洛诺斯夺得了权利，但很快又被宙斯推翻了。救星兼兄弟的失败激怒了巨人们，他们以树木为棍棒，以巨岩为投石，向宙斯和其他希腊神灵发动了一场史诗般的战争——巨人之战。但巨人们最终被打败了，被埋在了山川底下。人们说他们痛苦的颤抖会引发地震与火山爆发。

巨人之战

这幅版画描绘了史诗般的巨人战争，由荷兰版画家尼古拉斯·科内利斯·维茨恩（Nicolaes Cornelisz Witsen）创作于1659年。

细节

· 库克罗普斯的英文为 Cyclops，复数形式为 Cyclopes。

· 库克罗普斯是巨大的人形生物，前额正中有一只独眼。

· 一群库克罗普斯作为铁匠为天神工作，并因其精湛的工艺备受称赞。如今，结构漂亮的石墙有时会被称为"库克罗普斯式"。

· 荷马的《奥德赛》里出现过另一群巨人。荷马将他们描述为怪异丑陋、笨拙不堪、强壮又顽固的恶兽，他们攻击性很强，并且食人。

库克罗普斯

希腊神话中的独眼巨人叫作库克罗普斯，人们一般都说他们住在地中海的西西里岛上。值得注意的是，这个岛也曾是古象的家乡，在悬崖和山侧，人们至今都能发现古象巨大的石化头骨与骨骼。早在 14 世纪 70 年代，学者们就猜测，当岛屿的第一批居民遇见大象的头骨时，很可能会把其与肢体连接处的那个中央大洞当作是库克罗普斯的巨型独眼。

波吕斐摩斯

图为一张早期版画，疑似英国作品。图中，独眼巨人波吕斐摩斯（Polyphemus）正在袭击奥德修斯的船。

希腊诗人荷马在他的史诗故事《奥德赛》中，描述了英雄奥德修斯与一个名叫波吕斐摩斯的独眼巨人的遭遇，这部史诗的创作时期至少可追溯至公元前 800 年：

> 在从特洛伊战场返回家乡的途中，勇敢的冒险家奥德修斯及其船员登上了西西里岛。他们高兴地在一个洞穴中发现了食物，便狼吞虎咽，直至洞穴主人归来。不料，洞穴主人是个残忍的独眼巨人，名叫波吕斐摩斯，他开始一个接一个地吃人。很快，波吕斐摩斯问到了奥德修斯的名字，而后者回答："我的名字是没有人。"那个晚上，奥德修斯和下属制订了逃亡计划——首先，他们把一根树桩戳进了波吕斐摩斯的独眼中。波吕斐摩斯痛苦地尖叫着，呼唤着他的巨人兄弟们，"救命！没有人伤害我！"兄弟们疑惑地忽视了这喊声，而波吕斐摩斯失去了他唯一的眼睛。早晨，波吕斐摩斯将他的绵羊放出去吃草，在此之前他先触摸了这些动物的背，以确定人们没有骑在羊背上。但是奥德修斯和他的船员们把自己绑在了绵羊的腹部，于是他们溜了出去，没有被瞎眼的独眼巨人发现。

矮象的头骨（上图）

图为一块矮象（*Elephas falconeri*）头骨的投影，其中央的开口是肢体与头骨的连接处。（原件发现于西西里岛，距今约 78.1 万至 12.6 万年。）古希腊人可能认为这个大洞是库克罗普斯巨大的独眼眼窝。

动物寓言集 （右图）

这幅画着怪物的插图来自《宇宙志》（*Cosmographia*），由塞巴斯蒂安・明斯特尔创作于 1544 年。左二是一位女性独眼巨人。

巨人之桥？

爱尔兰东北海岸上壮观的巨人岬由大约四万墩互相嵌合的玄武岩组成。类似这样的结构是火山运动形成的典型现象。大约6500万年前，火山岩浆流向了海面。它们冷却时便会收缩，断裂成如今所见的石墩。在爱尔兰神话里，巨人英雄芬恩·麦克库尔（Fionn MacCool或Fionn mac Cumhaill）修建了这处岬道，以便自己能走到苏格兰，与彼处的巨人贝南德纳（Benandonner）战斗。有些学者指出爱尔兰神话和希腊–罗马神话有其相似处，比如这一则就是。

巨人的脚步

爱尔兰东北部巨人岬的壮观景色。

见即信

这幅版画是19世纪法国画家古斯塔夫·多雷（Gustave Doré）为但丁的《地狱》（*Inferno*）创作的。吉斯人（现在的摩洛哥丹吉尔）曾夸耀说他们城市的创建者是一位名叫安泰（Antaeus）的巨人，并声称安泰被埋在城南的一处高地中。为了验证他们的说法，罗马士兵在公元前81年挖掘了高地。让他们震惊的是，他们真的挖出了一具巨大的骨架——他们带着无限的崇敬又把这具骨架埋回去了。现代科学家证实，古象的化石在这片地区很常见。

第四章

西方与东方的独角兽

爱丽丝忍不住扬起唇角微笑起来，一边说："你知道吗？
我一直以为独角兽也是传说里的怪兽，
我以前从来没见过活的独角兽！"
"哦，现在我们彼此见面了，"独角兽说，
"如果你相信我的存在，我就相信你的存在。"

——刘易斯·卡罗尔

《爱丽丝镜中奇遇记》(*Through the Looking Glass*，1871)

美国的独角兽（对页图）

这是一幅创作于1575—1610年的版画，名为《四大洲的美国》(*America form the Four Continents*)，由尤利乌斯·霍尔齐厄斯（Julius Goltzius）模仿马尔腾·德·沃斯（Maerten de Vos）而作。图中，两只独角兽拉着一辆二轮战车（画中未出现），车上载着的人是美洲原住民的样貌。

所有的神话生物都很恐怖吗？许多神话生物都是吃人的怪兽或邪恶的神灵，但也有一些既强大又平和的神兽，比如独角兽。欧洲传说中珍珠白的独角兽和仁慈的亚洲麒麟都避免与人类接触，更喜欢隐居于人们的视野之外。当人们真的遇见独角兽时，独角兽并不会伤害人类，但这种优待并不总是能得到回报。事实上，无数的故事都在讲述人类捕猎欧洲独角兽，将它们引诱进陷阱。

欧洲独角兽

细节

· 在大多数故事里，它们生活在森林深处，极少人能见到它们。

· 它们的皮毛呈白色，但早期有些作家和画家将它们描绘为金红色甚或棕色。

· 它们的身躯通常像马，往往有偶蹄或山羊般的胡子；有时整个身体都像山羊。

· 它们有长而白的螺旋角，不过某些早期希腊博物学家认为它们的角更短更钝些，颜色是红或黑。

· 它们有狮尾，不过也有描述称有马尾、羊尾或猪尾。

古老的传说

你可能听说过只有一只角的独角兽，它是如此神奇，它的角能对抗毒药；它又是如此难寻，没有人能够捉住它。不过你知道这些独角兽的故事起源于古希腊吗？在两千多年前，希腊旅行者就在讲述那些居住于远方的独角兽的故事了。当这美妙的阐述传扬至整个西方世界时，很少人置疑它们是否真的存在。事实上，在大约公元前300年，学者们将《旧约全书》从希伯来文翻译成希腊文时，他们推断希伯来文中的re'em指的就是独角兽（如今某些专家认为它指的是一种野牛或牛的祖先）。甚至早期的博物学家也认为独角兽是一种真实的动物。有好几部关于古代世界动物的书籍中都列入了独角兽，并将它们描述为独居的野兽，说它们常常与狮子和大象搏斗。

博物学书籍（上图）

1551年，瑞士博物学家康拉德·格斯纳撰写了《动物志》（*Historiae Animalium*）。该书描述了所有他认为存活于地球上的生物，其中就包括独角兽的描述及插画，其根据大概是异地旅者的记录。英国作家爱德华·托普塞（Eduard Topsell）翻译了格斯纳的许多作品，用在他自己的书籍《四足动物志》（*The History of Four-Footed Beasts*）中。这张插画就来自其1658年的版本。

基督教的独角兽（对页图）

艺术史学家们长久以来都认为独角兽是基督的一种象征，这种联系在处女捕捉独角兽的故事中特别明显。独角兽将它的头放在年轻未婚女子或处女怀中，让人想起婴儿耶稣躺在圣母玛利亚怀里的画面。

净化（上图）

在基督教某些故事和艺术品中，独角兽垂头将角伸入有毒的水中净化它，好让其他动物可以饮用，这指代的是基督牺牲自己以净化人类罪恶的故事。这幅版画名为《独角兽以角净化水源》（*The Unicorn Purifies*），由让·迪韦（Jean Duvet）创作于1540—1551年。

皇家尊荣（右图）

直至如今，独角兽都代表着奇迹与美，常常出现在流行电影和书籍中。不过它们也可以象征威严与力量。强大的独角兽是苏格兰的皇室纹章，这里的版画来自1871年的《钱伯斯百科全书》（*Chambers's Encyclopaedia*）。

最纯净的造物（第74—75页）

这张版画名为《独角兽的凯旋》（*Triumph of the Unicorn*），由法国画家让·迪韦创作于1540—1550年。画中描绘了圣父宙斯领队欢迎纯洁的独角兽的场景，象征着圣子进入天堂。

Royal Arms of Scotland, previous to the Union.

独角兽民间传说

接下来的故事改编自中世纪欧洲的民间传说，但希腊作家早在两千多年前就讲述过相似的故事：

猎捕独角兽

从前，有一个猎人在森林里远远瞧见了一只闪亮的白色独角兽，它从河中来，如月亮般散发着微光。猎人受此景象的迷惑，叫来朋友们开始追逐这只独角兽。但是独角兽知道这些男人永远也抓不到它，于是它故意等着猎人们靠近它，而后才跳出了人们的视野。

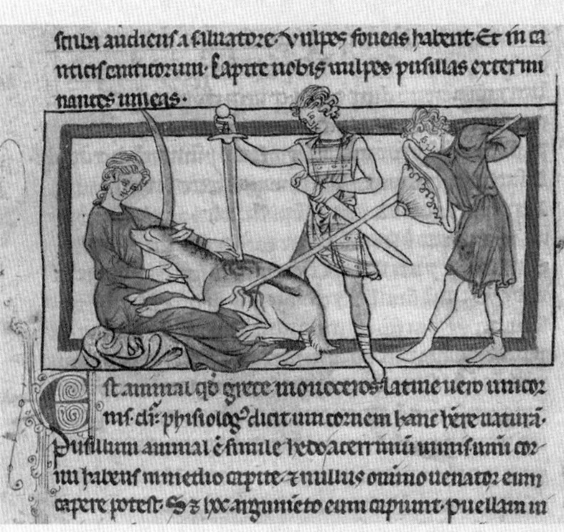

独角兽和少女

这幅手绘墨水画描绘了“猎捕独角兽”的故事，它源自1250年左右的一本英国泥金手抄本。

过了一会儿，独角兽在一个美丽的年轻女子面前停了下来。她坐在一棵树下，伸出手来，梳理它卷曲的鬃毛，抚摸它的角，直至它把头靠在她的膝上。但这是个陷阱！独角兽抬起头来看着少女，发现她褐色的眼中充满了泪水，明白她欺骗了它。但是太晚了，猎人们抓住了它，把它弄走了。

之后，少女留在树林中，彷徨懊恼。她俯下身在溪流中洗去自己的泪水，此时远处的一个动静引起了她的注意：虽不能确定，但她觉得那是独角兽闪亮的角消失在了夜色中。

细节

· 独角鲸是生活在加拿大北部至格陵兰岛西北部之间的小型鲸。

· 它有时被称为“海独角兽”，因为雄鲸上颚有很长的牙。

· 一些科学家推测，可以长到近 3 米长的牙是独角鲸的感觉器官，因为长牙可以检测到温度和压力的细微变化。

有魔力的角

独角兽的许多故事都提及它们的兽角带有魔法，两千四百年前的一位名叫克提西亚斯的希腊医生最早提出这一观点。人们认为独角兽的角可以用来验毒、解毒，可以制成退烧药、春药、长生不老药。

在欧洲人发现独角鲸牙之前（如今我们已经知道那是独角鲸牙了，那些巨大的“角”都是雄鲸的长牙），独角兽的角常常被描述成各种大小、形状和色彩。但到了中世纪，丹麦水手和其他北方商人将独角鲸牙带入了欧洲市场，而这里的买家认为它们就是难以捕捉的独角兽贵重的角。从此以后，对独角兽角的描述几乎全都一致了：长、白、螺旋状，正和独角鲸牙一模一样。

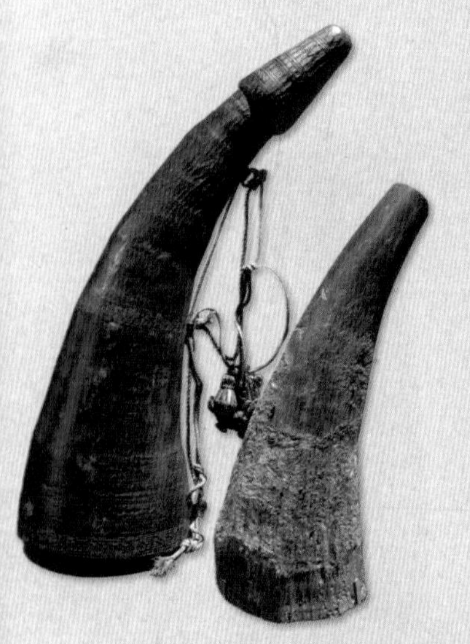

这是独角兽吗？（上图）

这张画着雄性独角鲸的插图来自《博物学家的图书馆》（*The Naturalist's Library*），由苏格兰贵族博物学家威廉·贾丁（William Jardine）爵士创作于 1846 年。

圣角（左图）

1590 年，西班牙瓜达卢普的圣玛丽修道院将这支非洲白犀牛的角（右）给了垂死的教皇格列高列十四世。与独角兽角一样，人们认为犀牛角拥有治愈的魔力。教皇服用了砍下来的角尖，但事实证明它没有效果，教皇很快就死了。图中左边的是一支装饰性犀牛角。

“（这里有）野象和许多独角兽，独角兽和大象差不多大。它们有着水牛般的毛发和大象般的足，前额正中有一根又大又黑的角……它们的头像野猪，并且总是垂向地面。它们的时间都被用来在烂泥里打滚了，简直不堪入目。我们总说它们甘心被处女抓住，可它们的样貌根本和我们描述的大相径庭。”

——意大利探险家马可·波罗，约 1300 年，
这段文字应该是在描述一只苏门答腊犀牛

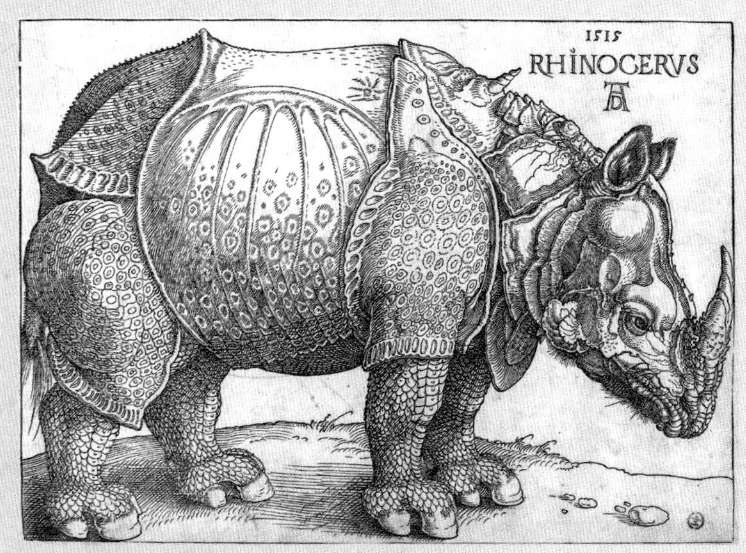

独角兽铭牌（上图）

这具铭牌是在 1750 年前后制作的，被挂在德国的一家药剂店或药房门上。事实上，在中世纪的欧洲，人们认为独角兽角能治愈从癫痫到瘟疫等一系列疾病。此处的独角兽角实际上是独角鲸的长牙。

“丑陋的野兽”（左图）

苏门答腊犀牛的木刻版画，由丢勒创作于 1515 年。

亚洲独角兽

细节

- 根据传说，中国哲人孔子（公元前551—公元前479年）是最后一位见过亚洲独角兽的人。
- 它的皮上有鳞，或混有各种颜色，包括蓝色、黑色、红色、白色和黄色。
- 它有着鹿的身体。
- 它有着肉质角。有时有两到三根角。
- 它有着公牛的尾巴。

据说，在欧洲出现珠白色独角兽的传说之前，一种独角的魔法动物早已徜徉在东方世界，它是亚洲版的独角兽。它最早出现于书面故事中是在公元前2700年左右，被描述为一种拥有强大力量和智慧的神兽。它总是很慈和，不惜代价地避开战斗，并且行走十分轻柔，以至于不愿踩碎一片草叶。这种亚洲独角兽和它的欧洲亲戚很像，它也很享受独处，并且不会被捉住。它极少出现，出现时便预示世间出现了英明的君主。亚洲独角兽在不同的国家有不同的名字，不过它们都是相似的造物。日本的独角兽叫“キリン”，中国的独角兽则被称为麒麟。

麒麟根付（上图）

根付是一种用来在服装上挂容器的拴扣或按扣，上图的根付雕的是日本独角兽的形状，名为“キリン”。它来自19世纪的日本，以象牙、木头、玻璃和颜料制成。

中国独角兽（左图）

图为中国瓷器上装饰的中国独角兽，名为麒麟，瓷器制作年代约为1350年。

“数千年前，圣人伏羲坐在河边，他抬起眼来，便看见了独角兽——在中国它叫作‘麒麟’，它正谨慎地在河中涉水而过。这动物看起来像鹿，但有像龙一般闪亮的鳞片。一只独角长在它的前额上。它的背上有一些奇怪的花纹和符号。麒麟离开后，伏羲便抓起一根木棍，在泥土上画下了那些符号。这些符号是麒麟给中国的礼物，最早的书写文字便从它们演变而来。”

——选自古代中国故事

香炉（上图）

这尊明朝（约 1368—1644 年）的铜合金香炉是中国独角兽，即麒麟的形态。对于某些中国人来说，焚香有助于在现世与神灵及祖先的世界之间建立联系。

雕刻面具（左图）

这尊 19 世纪的日本面具是用木头和漆制成的，它有铰链组合的下颌，可能是在庆典上使用的。

第五章

现代神话——大地上的神兽

在（天山）深山间住着一种野人，

他们和我们人类毫无共同之处，这些生物全身都覆盖着毛皮……

他们像动物一样奔跑在山里，

吃叶子和草以及任何他们能找到的东西。

——德国旅行家约翰·席尔特贝格，约 1400 年

所有的神话生物都是老古董吗？当然不是。现代世界也到处都有人讲述大脚怪和喜马拉雅雪人（Himalayan yeti）的故事。可怕的卓柏卡布拉（chupacabra）的传说最近正在美洲流行。卓柏卡布拉与其他现代神话生物的故事迅速在地区、国家甚至大洲之间传播，这主要归因于电视和网络。当神兽们在新的环境中扎根时，它们往往会改变自身的某些特性，以迎合新的观众。在某些地区，卓柏卡布拉是一种潜伏在森林中的神秘捕食者；在另一些地区，它又是一种耸人听闻、哗众取宠的媒体怪物。

大脚怪（对页图）

现代传说中有一种巨大的半人半猿怪兽名叫大脚怪，它的故事已经成为流行文化的一部分。此处是一张大脚怪的剧照，你有一天可能会在森林里碰到它。

卓柏卡布拉

细节

· 卓柏卡布拉很凶恶，但身形并不算太大。大多数证人说它们不比普通的狗大。

· 对它的描述很多样化，不过大多数描述都说它有红眼睛、大尖牙。

· 有些证人说卓柏卡布拉用两条腿走路，可能是像袋鼠一样蹦着走，不过也有人说它是用四条腿走路。

· 有些描述称它有蜥蜴般的皮肤，另一些称它有毛皮。

· 卓柏卡布拉有显眼的脊椎，有时脊椎上有尖锐的脊刺。

说起卓柏卡布拉时，人们都会说它有闪耀的红眼睛和白亮的尖牙，说这野兽潜藏在森林中，捕食山羊和牛，令当地的居民深感恐惧。卓柏卡布拉在西班牙里意为“吸山羊血的怪物”，据说这种怪物的行动很像吸血鬼，以吸血的方式杀死动物。甚至有目击者称，他们发现的动物尸体就好像被刀子切开了一样。不过事实证明，这些现象未必有多么诡异。疾病和感染都能杀死看似健康的动物，有些昆虫也会从新鲜的尸体上吸血。当动物死去时，它们体内的气体会膨胀，以致躯体胀开的方式就像是被手术刀割裂的。

相似的故事可以追溯至几百年前，不过，第一份所谓的卓柏卡布拉目击报告来自 20 世纪 80 年代晚期至 90 年代早期的波多黎各农民。如今表示目击过这种怪物的人大都集中在拉丁美洲和美国西南部。这种尖牙怪兽还出现在 T 恤、咖啡杯和其他纪念品上，甚至也能在画廊和玩具店里看到。

现代怪物（右图）

这是一位当代画家所诠释的可怕的卓柏卡布拉，它正卧在地上等待下一个牺牲者。

小雕像（对页图）

2007 年的这尊卓柏卡布拉彩色小木雕是一个爱波瑞吉（*alebrije*）——墨西哥亮彩奇幻生物雕塑。墨西哥瓦哈卡州的艺术家们制作这样的幻想雕塑的历史长达数十年。这尊虚构的卓柏卡布拉雕塑是由 T. 比格拉（T. Viguera）创作的，他用传统的爱波瑞吉风格诠释了流行文化。

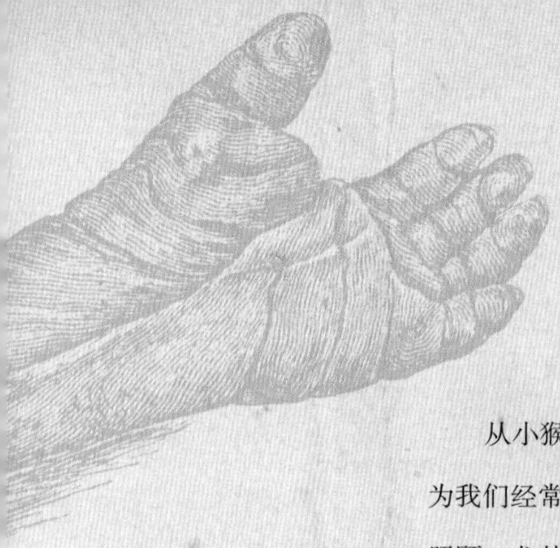

大脚怪之外

从小猴子到大猩猩和黑猩猩，灵长类动物总是让人着迷，也许这是因为我们经常在它们身上看到人类自己。灵长类动物很聪明，而且常常彼此照顾，尤其是会照顾幼仔。但它们有时也很暴力，会袭击外来者，甚至会攻击家人和朋友。所以，世界各地都有人在讲述半人半猿生物的故事，这

世界各地的神秘猿人

人猿（HIBAGON）：
日本传说中的人猿站立时只有 1.5 米高，比其他大多数类野人生物都矮。不过它的足印却十分巨大——是人类足印的两三倍。

阿尔玛斯（ALMAS）：
身披毛发的野人，可能生活在中亚及蒙古的山间。

雪人（YETI）：
西方人常称雪人为中国西藏的"喜马拉雅雪人"。

婆罗洲野人（WILD MEN OF BORNEO）：
"婆罗洲野人"可能指的是多毛的大灵长类红毛猩猩（Orangutan）。在印度尼西亚，"orang hutan"意为"森林之人"。

切莫西特（CHEMOSIT）：
有些目击者说切莫西特看起来像鬣狗或熊，人们又把它叫作南迪熊（Nandi bear）。南迪是一个肯尼亚部落，其居住区据说是切莫西特出现的地区。不过南迪人认为这种生物是巨大凶残的灵长类，喜欢吃受害者的脑子。

印尼神秘小脚怪（ORANGPENDEK）：
Orang Pendek 的意思是印度尼西亚"矮人"，这个名字很适合它，因为它身形很矮，脸很像人。当地传说认为这种难以捕捉的生物有反向生长的脚掌，这使人难以追踪它们。

幽威（YOWIE）：
在过去的几十年里，悉尼西部的蓝山地区有超过 3000 次清晰的"幽威"目击报告。

也就不是多么令人惊讶的事了。它们通常都很大，身披毛发，用两条腿走路，但常常罕见踪迹。这些传说中的灵长类时而温柔时而残忍，比如大脚怪、雪人或者金刚。它们不那么人性，也不那么兽性，这些生物都暗示着我们的另一面。

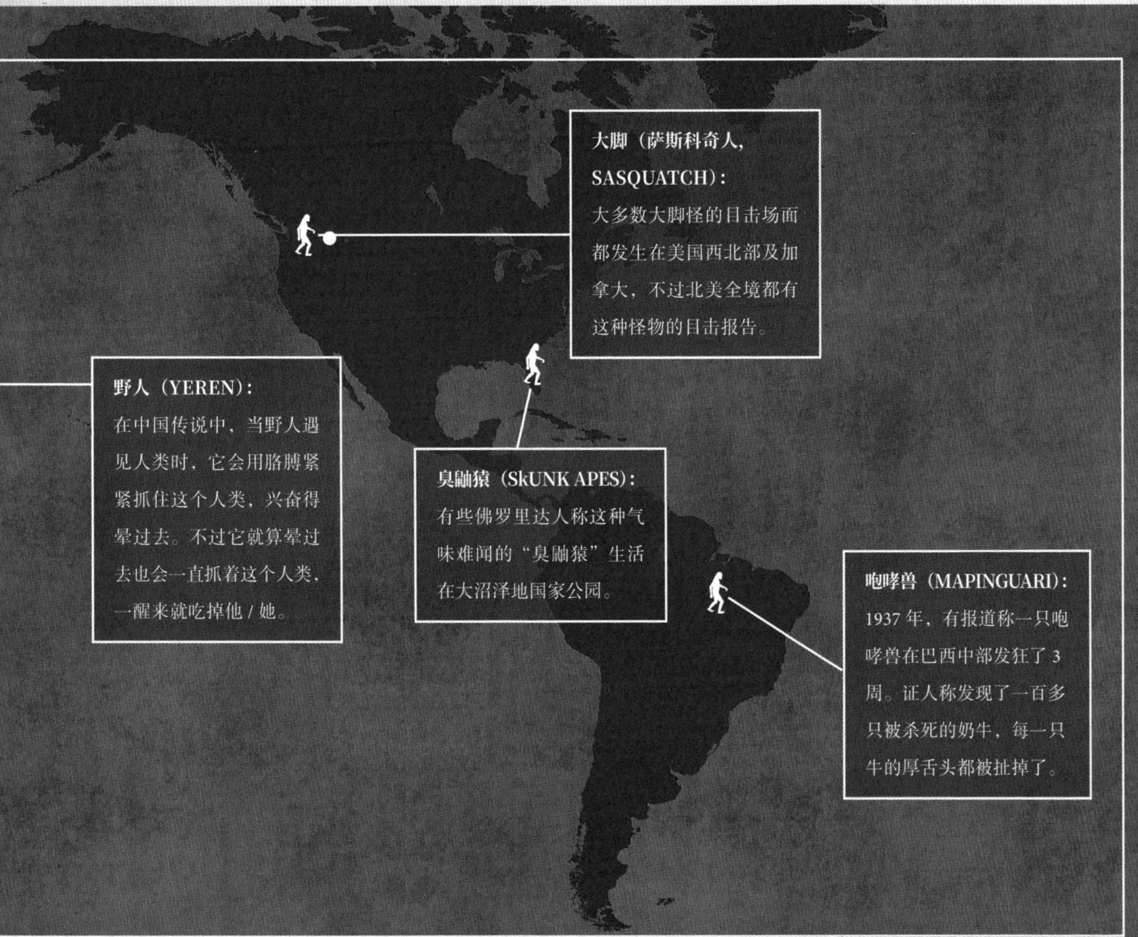

大脚（萨斯科奇人，SASQUATCH）：
大多数大脚怪的目击场面都发生在美国西北部及加拿大，不过北美全境都有这种怪物的目击报告。
野人（YEREN）：
在中国传说中，当野人遇见人类时，它会用胳膊紧紧抓住这个人类，兴奋得晕过去。不过它就算晕过去也会一直抓着这个人类，一醒来就吃掉他／她。
臭鼬猿（SkUNK APES）：
有些佛罗里达人称这种气味难闻的“臭鼬猿”生活在大沼泽地国家公园。
咆哮兽（MAPINGUARI）：
1937 年，有报道称一只咆哮兽在巴西中部发狂了 3 周。证人称发现了一百多只被杀死的奶牛，每一只牛的厚舌头都被扯掉了。

巨猿

巨猿并不仅仅存在于传说中：对页那只大块头是一种已灭绝的灵长类，名为步氏巨猿（Gigantopithecus blacki）。这种动物是人类的远亲，生活于近100万年前至30万年前的东南亚。很有可能它们中的小型群体幸存了更久的时间，如果是这样的话，该地区的早期人类就可能遇见过它们。到了更近的年代，中国人收集到步氏巨猿石化的牙和下颏，以获取它们所谓的治愈力量。不管是谁发现了这样巨大的下颏，都很可能想象这来自一只庞大的巨猿，它可以将人类反衬成侏儒。

人类的想象力塑造了神话生物，同样也可以粉饰我们所见的真实生物。当西方探险家第一次在非洲遇见大猩猩时，他们吓得要命，将这些典型的隐居生物描述为好斗且暴力的。1847年，在非洲加蓬传教的美国传教士托马斯·S.萨维奇（Thomas S. Savage）写道：

“当雄性（大猩猩）首次出现在猎人的视野中时，它发出了一声恐怖的嚎叫，回声在森林里传得又广又远。它的下唇垂过了下巴，毛发浓密的眉弓和头皮在眉头上皱成一片，显现出一种难以描述的凶残。接着它暴怒地向猎人冲来，连声疾速倾泻着它恐怖的啸叫声。猎人在这动物抓住了他的枪管并咬到嘴里时，便开了枪。但是枪没能开响，枪管被牙齿咬碎了。事实很快证明，这次遭遇对猎人来说是致命的。

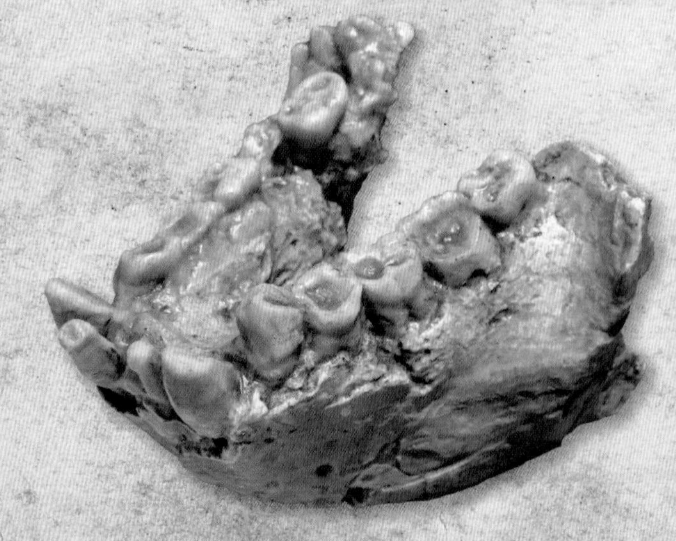

步氏巨猿的下颌骨（对页图）

这块下颌骨出土于中国广西壮族自治区，属于已灭绝的步氏巨猿。这一生物的化石非常罕见，尽管如此，美国自然博物馆的科学家还是尽力从细碎的证据中获得了相当多信息。专家们求助于大猩猩，将这种现存最大的猿类当作模特，观察这些体型庞大、基本生活在地面的猿类，研究其下颌与四肢的大小关系。接着，他们以大猩猩的比例作为模板，以图中步氏巨猿下颌的大小为基础，确定了这种生物的大概体型。根据他们的估算，这种巨猿的个体重量达到近 360 千克。

步氏巨猿（右图）

右边即此巨大猿类的复原图。我们不知道人类是否曾见过它们活生生的样子，因为它们可能在 30 万年前就灭绝了。不过在亚洲的一些地区，这种灵长类动物的下颌及牙齿化石也许给大型类人怪物的故事带来了灵感。

第三部分

天空

Creatures of the Sky

你想象过飞翔的感觉吗？ 就连最渺小的鸟儿也拥有我们人类从未得到过的力量。但天空中的神兽拥有比这更强大的力量。想象一只鸟儿，它大到可以掩盖天空，或者可以用翅膀扇起风暴。在神话传说里，飞马、翼狮，甚至人都有飞翔的魔力。这些故事从侧面展现了人们仰望天空时油然而生的惊叹与敬畏。

圣骑

这幅创作于 1509—1516 年的版画描绘了珀伽索斯，作者是意大利版画师雅各布·德·巴尔巴里（Jacopo de Barbari）。

第六章

埃及与希腊神话

万岁，宙斯的孩子们！唱起美妙的歌曲，
礼赞这神圣的种族，他们是永恒不灭的神灵，生于大地，
生于星光闪耀的天堂，生于暗夜，还有湿咸的大海。
说那最初的神灵与土地从何而来，
说说河流，还有那巨浪汹涌的无际大海，
那闪烁的星辰，以及头顶宽广的天空。

——赫西俄德（Hesiod）
《神谱》（*Theogony*，约公元前700年）

希腊神话有多久远？很多读者都很熟悉宙斯和居住于奥林匹斯山的众多希腊神灵——比如阿弗洛狄忒和波塞冬。关于神灵、英雄与怪兽的希腊故事在世界各地反复流传，从古至今。这些故事最早可知的版本可追溯至两千七百多年前，它们以书面形式出现在希腊诗人荷马与赫西俄德的作品中。不过有些神话更加古老，有许多我们以为是希腊神话的故事其实来源于其他更古老的文明，比如古埃及和苏美尔。

希腊神话（对页图）

在最著名的一则希腊神话中，宙斯之子珀尔修斯和凡人公主达娜厄骑着飞马珀伽索斯前往埃塞俄比亚，去杀死危及公主安德罗墨达的海怪。这张版画由版画师彼得·诺尔普（Pieter Nolpe）创作于1642年。

斯芬克斯

细节

· 埃及斯芬克斯的头有时是人头，有时是公羊头，有时是猎鹰的头，不过身体都是狮子的形态。

· 希腊的斯芬克斯有女人的头和上身、狮子的躯干以及鹰的翅膀。

· 希腊的斯芬克斯好斗且凶恶，众所周知，如果人类无法回答它的谜语，它就会攻击并吃掉他们。

· 希腊神话里的"Sphinx"首字母要大写，因为它特指一种生物。

至少四千五百年前，埃及艺术家就雕刻了半人半狮的石像，这比索福克勒斯写出斯芬克斯（Sphinx）早了两千多年。而大约三千五百年前，美索不达米亚的艺术家也描绘了相似的生物，可能还将画像传播到了希腊。

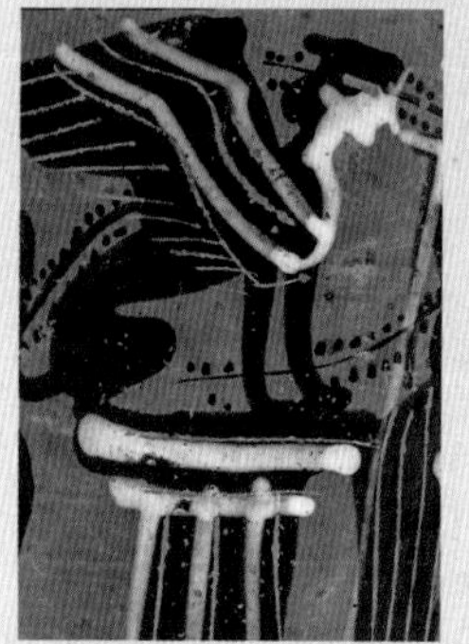

吉萨狮身人面像自公元前2500年始就守卫在金字塔前。和希腊神话里半狮半女人的斯芬克斯不同，狮身人面像有狮身和人首——面容是当时的埃及统治者卡夫拉王。不过，埃及的其他斯芬克斯还有公羊或猎鹰的头。希腊神话里的斯芬克斯是残忍好斗的，埃及的斯芬克斯们则是强大统治者的象征。

希腊的斯芬克斯（上图）

这只斯芬克斯装饰着一个赤陶黑纹的细颈有柄长油瓶，后者来自公元前500年左右的希腊。

狮身人面像（右图）

这张吉萨狮身人面像的照片拍摄于1867—1899年，它是世界上最大的石构造，长73米，高20米。它身后视野内的是哈夫拉金字塔和孟卡拉金字塔。

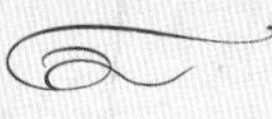

斯芬克斯的故事

许多年前，古希腊底比斯城的城门前坐着斯芬克斯。它是一只恐怖的怪兽，有狮子的身体和女人的头，并且嗜好谜语。它对每个过路人提出一个问题，如果对方回答不出，它就将路人吃掉。“是什么东西早晨发一种声音且用四条腿走路，中午用两条腿，晚上用三条腿？”没人能正确回答这个问题，斯芬克斯也因此吃得很饱。

但有一天，有位名叫俄狄浦斯的聪明人来到此处，做出了正确的回答：“是人。”人在还是婴儿时，用四肢爬行，成人时用两条腿走路，老了会使用拐杖——也就是第三条腿。俄狄浦斯以智取胜，这使斯芬克斯心烦意乱，它从高高的栖息处掉了下来，死掉了。

—— 改编自希腊剧作家索福克勒斯所著的

《俄狄浦斯王》（*Oedipus Rex*，约公元前 495—406 年）

谜语

这是 1652 年埃及古物学著作《埃及的俄狄浦斯》（*Oedipus Aegyptiacus*）的卷首插画，该书作者是 17 世纪德国耶稣会学者阿塔纳修斯·基歇尔（Athanasius Kircher）。图中描绘的是俄狄浦斯解开斯芬克斯谜语的场景。

珀伽索斯

细节

- 它是有翅膀的白色神马。
- 珀伽索斯是怪物美杜莎（从她的血中跃出）和波塞冬的儿子，后者是海洋与马之神灵。
- 珀伽索斯友善、热心且勇敢。在以它为名的星座中，甚至有一颗星星是与仙女星座共享的——仙女座安德罗墨达是珀伽索斯帮助救出的一位少女。
- 珀伽索斯只让两个凡人骑它：英雄珀尔修斯和柏勒罗丰。

有翅膀的白马珀伽索斯（Pegasus）是希腊神话中唯一的配角，在珀尔修斯和柏勒罗丰与怪物搏斗时，它是他们忠诚的战马和同伴。虽然很多神话中并没有出现珀伽索斯，但它是希腊艺术家钟爱的创作对象。甚至到了今天，珀伽索斯也是最受欢迎的希腊神话形象之一，从公司标志到旋转木马，它可以出现在任何物体上。事实上，它极其出名，以至于如今的所有飞马都叫珀伽索斯。

银币

珀伽索斯的故事在古希腊科林斯城尤为流行，这枚钱币便来自那里（公元前584—公元前550年）。有翅飞马是该城的徽章，它在该城钱币上存在了数百年。

新大陆的珀伽索斯

这张清晰的飞马图来自一幅19世纪末的壁画，这幅壁画位于华盛顿美国国会图书馆托马斯杰斐逊大厦的天花板上，由爱德华·J. 霍尔斯拉格（Edward J. Holslag）创作。

珀伽索斯雕塑

这一飞马木雕是1996年美国艺术家乔·伦纳德为一名私人收藏家创作的，其形态是根据旋转木马的形状设计的。

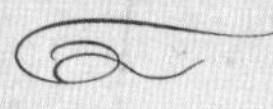

忠诚的伙伴

很久以前，年轻的希腊英雄珀尔修斯出发去完成一个看似不可能完成的任务：杀死可憎的美杜莎。美杜莎的头上覆盖着蛇而不是头发，她如此丑恶，以至于每个看见她的人都会变成石头。珀尔修斯四处寻找美杜莎，许多天后他找到了她，她和她的两个姐妹正在其他英雄的石像间休息——他们都是因为亲眼看到了美杜莎而变成石头的。但珀尔修斯询问过神灵，知道如何打败这个怪物。他只从磨亮的盾牌上看美杜莎的镜像，最后用一把镰刀砍掉了她可怕的头。飞马珀伽索斯就从美杜莎的脖颈中跃了出来。美杜莎的两个姐妹狂怒地追逐珀尔修斯，但珀伽索斯让这位英雄骑上了它的背，一人一马安全地逃走了。

——改编自古希腊神话

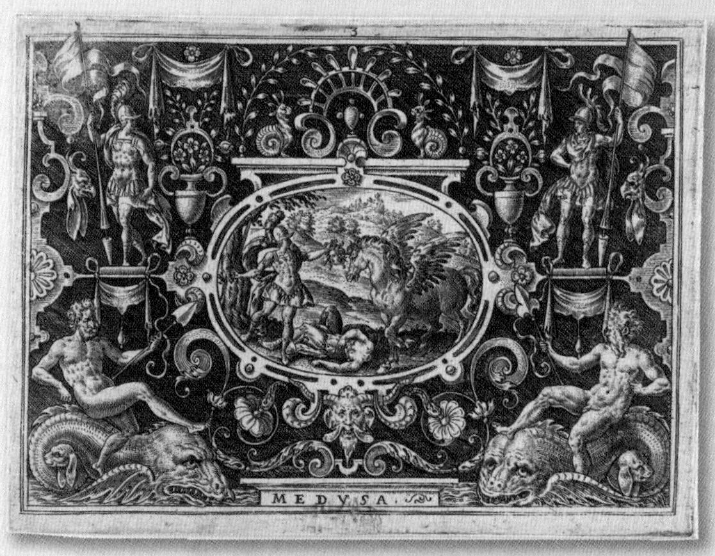

珀尔修斯斩首美杜莎

荷兰版画师亚伯拉罕·德·布鲁（Abraham de Bruyn）在1584年创作了这幅版画，描绘了珀伽索斯从美杜莎冒血的脖颈中诞生的场景。

“许久以前，希腊英雄柏勒罗丰出发去杀死喷火的客迈拉（Chimera），这怪兽有狮子的头、山羊的身体和蛇的尾巴。女神雅典娜帮助柏勒罗丰驯服了珀伽索斯，在有翼飞马的帮助下，柏勒罗丰杀死了怪物。在获得这一光荣的胜利后，柏勒罗丰觉得自己已经可以与神灵比肩，就催促珀伽索斯带着他飞向奥林匹斯山。然而柏勒罗丰的傲慢自大激怒了神灵。宙斯派出一只蝇虫叮咬了珀伽索斯，使之人立而起，把柏勒罗丰抛到了地上。柏勒罗丰的余生便如流浪者般到处徘徊，而珀伽索斯从此留在了奥林匹斯山上，背负着宙斯的闪电杖。当珀伽索斯死去时，宙斯将它变成了一个星座，如今它还在天上闪亮。”

——改编自《伊利亚特》以及其他希腊神话

基里克斯陶杯（左图）

在这尊希腊黑纹赤陶酒杯上，柏勒罗丰杀死了客迈拉（右），而珀伽索斯（左）人立而起。酒杯的历史约可追溯至公元前570—公元前550年。图中，客迈拉的身体正中会冒出山羊的脖颈和头。

英雄的任务（下页图）

这幅图精细地描绘了柏勒罗丰和客迈拉，来自绘制于1724年左右的天顶壁画《雄辩的力量》（*The Power of Eloquence*）。壁画位于意大利威尼斯的桑迪波尔图宫（Palazzo Sandi-Porto）[（今天的格波拉托（Gpollato）]，作者是乔凡尼·巴蒂斯塔·提埃坡罗（Giovanni Battista Tiepolo）。

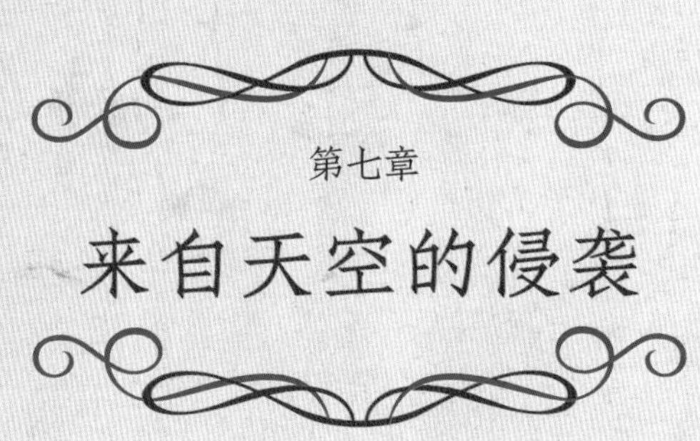

第七章

来自天空的侵袭

它在各方面都像一只鹰，只不过巨大无比，大到展开翅膀可覆盖30步的距离……而且它极其强壮，可以用爪子抓起一只象，将它拎到高空，再把它丢下来摔得粉碎……那些群岛上的人们将这鸟儿称为大鹏，它没有别的名字。

——《马可·波罗游记》（*The Travels of Marco Polo*，1875）

如果鸟儿拥有巨大的身躯会怎么样？许多故事里都出现过巨大的鸟类，它们会从天空俯冲而下抓捕动物——有时甚至会抓捕人类。这样的故事并非只是传说。现存的很多鸟类都会呼啸而下捕捉蛇、鱼、兔子和其他动物，比如鹰、雕和隼等。化石证据表明，数千年前有巨大的鸟以人类为猎物，在某些偏远地区，它们对小孩子来说至今仍是一种威胁。许多神兽都有超自然力量，或是结合了不同的动物特征，但要让一只鸟儿变成传说中的怪兽，你只需把它变大就行了。

巨鸟（对页图）

图中，一位遭遇海难的旅行者——可能是辛巴达——紧紧抓住了一只大鹏的腿。该图选自波斯宇宙学家扎卡里亚·阿卡兹威尼（Zakariya al-Qazuini）所作的《造物的奇迹》（*Marvels of Creation*，约1203—1283年）。

大鹏

细节

· 大鹏看起来像巨大的鹰。

· 它的食物是象和蛇。

· 其传说可能源于隆鸟，这是马达加斯加岛上的一种已灭绝鸟类。

· 在《一千零一夜》中，辛巴达找到了一座没有门的白色穹顶建筑——它是大鹏鸟的蛋，整座岛都是它的窝巢。

· 它的腿粗得像树干，辛巴达被困于大鹏的岛窝时，最后把自己绑在大鹏腿上得以逃生。

伊斯兰学者兼法官伊本·白图泰（Ibn Battuta，1304—1368）出生于摩洛哥，作为史上最伟大的探险家之一，他在 14 世纪环伊斯兰世界旅行了 11.7 万公里——大约是更著名的意大利探险家马可·波罗旅程的三倍。伊本·白图泰口述了他的回忆录《伊本·白图泰游记》，它记录了他奇妙的旅程。

13 世纪的意大利作家鲁斯蒂谦·达·皮萨（Rustichello da Pisa）是《马可·波罗游记》的合著者，他在书中重述了伊本·白图泰的一段描写，其中描绘了中国海上飘浮的山岳：

> 水手们哭泣着互相道别，于是我喊道："出了什么事？"他们回答："我们以为是山的东西其实是大鹏鸟。如果它看见我们，就会把我们抓走。"……风向很好……风把我们吹离了大鹏所在的方向，因此我们没能仔细地观察它，不知道它真实的大小。

事实上，在非洲东南海岸外印度洋中的马达加斯加岛上，曾生活着隆鸟属（Aepyornis）的某种巨鸟（见第 104—105 页）。不过大鹏并不仅仅是被错认的隆鸟。大鹏的故事源于迦楼罗（Garuda），后者是数千年前印度故事中的某种类鸟生物，它捕食巨蛇和象（见第 106—115 页）。据说大鹏也捕食蛇和象，因此我们猜测它们的故事有相同的起源。

神奇的大鹏（右图）

《一千零一夜》讲述了水手辛巴达的传说，其中描述了一种巨大的神鸟，它比世上曾出现过的任何鸟儿都大。在这些故事里，大鹏极其庞大，可以抓起大象，而现实中的鸟类其实无法抓起如此重的物体。图中是神话巨鸟的模型。

大鹏的羽毛？（上图）

马可·波罗向欧洲人介绍过亚洲许多曾不为人知的奇迹，他写道，据说蒙古帝国的忽必烈可汗拥有一根巨大的大鹏羽毛："（我听说）他们为大汗带来了一根羽毛，据说是大鹏的……真是件不同寻常的东西！大汗很高兴，重赏了他们。"亨利·玉尔（Henry Yule）爵士是 19 世纪马可·波罗游记的英文版译者，他后来猜测大汗是被欺骗了，那应该是酒椰树的一片复叶，如图所示。

攫石的大鹏（右图）

《一千零一夜》是中东的经典故事集，在故事中，辛巴达同船的船员发现了大鹏的一颗巨蛋，一只大鹏幼鸟刚刚破壳而出。他们杀死了幼鸟，吃了它，但很快就被它狂怒的父母攻击了。他们逃进船里，但愤怒的大鹏紧随而来，用巨石将船砸得粉碎。这张画创作于 1898 年，作者是英国插画家亨利·J. 福特（Henry J. Ford）。

细节

· 隆鸟在马达加斯加岛上一直生活到了约 16 世纪，它或它的蛋也许曾遭人类猎食，因此它们灭绝了。

· 隆鸟的高度超过 3 米，重约半吨。

· 隆鸟的蛋是已知最大的鸟蛋——相当于 7 个鸵鸟蛋。

隆鸟

七百年前，阿拉伯商人提到过一种巨鸟，它大到可以把大象抓至空中。水手们说它生活在非洲南岸外的一座岛屿上。这座岛是马达加斯加岛，实际上，这里曾是巨大的隆鸟的故乡。隆鸟（Aepyornis）现在已经灭绝了，不过它仍是史上最大的鸟类。它又被称为象鸟，只是它并不能真的拎起一只大象，事实上它甚至无法飞翔。不过它巨大的蛋为大鹏的传说增加了素材。

Fig. 5. — Squelette restauré du grand Æpyornis (Æpyornis ingens), de Madagascar.

象鸟（右图）

两位伟大的探险家马可·波罗和伊本·白图泰都写到传说中的大鹏生活在马达加斯加岛附近。之后，骨骼和蛋证明了的确曾有半吨重的隆鸟生活在岛上。它的别称“象鸟”可能也来源于大鹏的故事。隆鸟不可能捕猎大象，一来因为它太小，二来马达加斯加岛上从来没有大象生活过。

巨蛋（下图）

19 世纪，人们在马达加斯加岛上发现了隆鸟蛋，它们是已知最大的鸟蛋。1864 年，W. 温伍德·里德（W.Winwood Reade）写道：“马达加斯加岛上发现了一颗半化石化的巨蛋，它证明了马可·波罗与《一千零一夜》中大鹏的存在。”下图是弗兰斯·兰廷（Frans Lanting）最近拍的照片，照片中是岛上一位安坦德罗伊人抱着隆鸟蛋化石。

灭绝的鹰（上图）

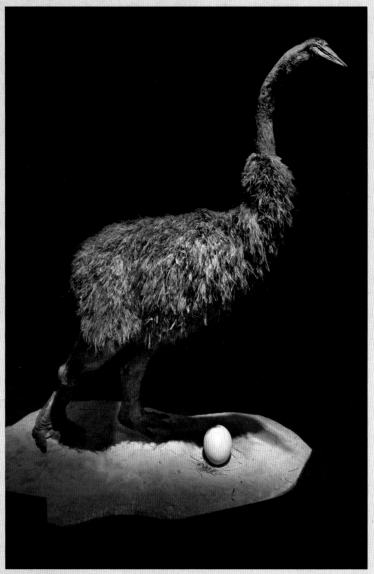

隆鸟不是唯一一种传说中的巨鸟。婆乌凯（Poukai）的故事在毛利人中流传已久，它是一种曾经生活于新西兰的巨鹰。骨骼与爪等证据已经证明，这种巨鸟不仅仅是一种传说。它现在被称为哈斯特巨鹰（*Harpagornis moorei*），与隆鸟不同，它可以飞翔。它的翼展接近 3 米，以恐鸟为食，后者是一种不会飞的巨型鸟类，与鸵鸟有亲属关系。哈斯特巨鹰直至约 1500 年才灭绝，因此它们很可能遇见过毛利人的祖先。此处所示的哈斯特巨鹰鹰爪是实际尺寸的复制品。

史上最大的鸟（左图）

图为真实隆鸟大小的模型，它高过了正常身高的成年人。

敌对双方

细节

· 在印度教中，迦楼罗是单一的特定角色，但佛教故事里则有许多的迦楼罗。

· 它有人的上身和手臂，在某些印度故事里它有四条手臂，而佛教故事里的迦楼罗有时只有翅膀没有手臂。

· 它的翅膀、腿、尾巴和脚爪都是鸟形。

· 它有鸟首，或是有喙的人首。

· 迦楼罗的背上骑着印度神灵毗湿奴。

· 它的翅膀宽大到可以遮蔽天空，扇动时可以引起飓风。

· 迦楼罗常与蛇形的那伽搏斗，在某些故事里，它像穿戴珠宝一样将击败的那伽穿在身上。

· 迦楼罗可以保护人们，使他们抵御蛇以防被蛇咬伤，亦可抗毒。

有些神兽独自翱翔，有些则出双入对。还有些时候，两个角色常常互相战斗。捉对厮杀的双方能帮助讲故事的人表达抽象的概念。比如说，一位圣徒杀死了一条龙，这可能象征着善与恶的搏斗。但诠释一个故事往往不那么简单。相同的故事可能有许多种意义，并且以许多不同的方式讲述。在亚洲传说中，巨大的类鸟生物迦楼罗常常会袭击名为那伽的类蛇生物。但这样的故事不仅仅是善恶互搏的寓言。迦楼罗和那伽被定义为许多不同的对立面，其中包括光与暗、太阳与月亮、上与下、空气与水以及佛教与其他宗教。

迦楼罗

根据印度与佛教故事，迦楼罗永生永世都在捕杀那伽。争斗开始之初，神明迦叶佛娶了两个姐妹，毗那达和卡德鲁。迦叶佛让每位妻子许一个愿望，卡德鲁要了一千个孩子，于是生出了一千条蛇，就是那伽。毗那达只想要两个比所有那伽都更优秀的孩子。她生下了阿卢那和迦楼罗，前者成为太阳神的战车御夫，后者成为毗湿奴的坐骑。两姐妹的竞争一直持续至毗那达打赌输给了卡德鲁，成为后者的仆人与囚犯。迦楼罗从神灵那里盗走长生灵药，赎回了母亲的自由，但他发誓要为他母亲遭受的虐待进行报复，自此以后便一直攻击那伽。

迦楼罗捕捉那伽（对页图）

这尊19世纪的雕塑是用镀金的铜合金制成的，展现了迦楼罗攻击那伽的场景。在亚洲，人们以许多不同的艺术形式、风格与材料讲述这一故事。

印度传统文化中有许多神话传说，其中有各种版本的迦楼罗传说，可追溯至三千多年前。如今，在巴厘岛的绘画、喜马拉雅青铜器、日本的祭典、泰国皮影、柬埔寨建筑以及印度和其他各地无数神殿中都能找到迦楼罗和那伽的身影。

在印度教中，迦楼罗是一个特定的角色，但在佛教故事里有许多的迦楼罗。印度的迦楼罗驮着神灵毗湿奴，而佛教世界中的迦楼罗是信仰的代理，它与那伽角斗，直至后者变成佛教徒。其代表意义可随故事细节千变万化。对佛教徒而言，迦楼罗战胜那伽的故事象征着佛教传遍亚洲，而那伽代表即将皈依佛教的本土宗教和神灵。

如今，迦楼罗已成为亚洲的日常生活元素。除了受到人们崇拜，为戏剧、艺术与传说提供灵感外，它还是泰国和印尼的国家象征。另外，它被用作一家航空公司的名字（印尼国家航空公司）以及一种瑜伽姿势，并成为视频游戏、漫画、电视剧和卡牌游戏的角色。

迦楼罗驮着毗湿奴

这幅绘于1800年左右的水彩画来自印度，画中，神灵毗湿奴和他的伴侣拉克希米骑在迦楼罗背上。在印度传统文化中，毗湿奴是唯一一位强大到足以征服迦楼罗的神灵。后者成为他的坐骑，两者常常一同出现在印度的艺术品中。

准备袭击（右图）

这尊迦楼罗石像位于印度尼西亚，年代未知，它有人类的上身、鸟首以及巨大的翅膀和尾巴。

迦楼罗皮影（下图）

迦楼罗和那伽的故事以各种形式出现，其中包括祭典戏剧。在表演中，操偶师右手操作迦楼罗，使其位于那伽上方，后者以左手操作，放在较低的位置。图中这幅巴厘岛皮影源自 20 世纪 30 年代，以兽皮、木料、涂料和植物纤维制成，由著名的美国人类学家玛格丽特·米德收集。

迦楼罗舞

照片中是1969年1月在印度锡金一次佛教新年舞会上表演的迦楼罗舞，锡金位于喜马拉雅山脉中。摄影者是作家兼摄影师艾丽斯·S. 坎德尔（Alice S. Kandell）博士。

细节

- "Naga"是"蛇"的梵文，尤指眼镜蛇。
- 那伽有分叉的舌头，这是因为它们舔了迦楼罗洒落永生灵药的青草。
- 它们有人的脸、眼镜蛇的身体和尾巴。
- 那伽生活在地下洞穴中，有时也住在饰有宝石的宫殿里。
- 那伽王支撑着世界，它移动时会引发地震。
- 那伽王有一千个头，在佛教中，这一千个头为睡着的佛陀提供遮蔽保护。

那伽

犹太基督教的《旧约》与《新约》中，巨蛇通常都是邪恶的象征，但蛇型的那伽并非总是如此。虽然有些故事将那伽描述为迦楼罗的敌人，被后者永久地惩罚，但是那伽也拥有自己的崇拜者。举个例子，在柬埔寨，人们崇敬那伽，因为它们是柬埔寨人的祖先以及佛陀的护卫。在亚洲其他一些地方，那伽有时会与当地的神灵同化。在南印度，人们相信那伽有助于生产，女人们总是请求它们帮助自己怀孕。

那伽的后裔（右图）

图中是一条眼镜蛇，这是印度文化中最受崇敬的生物。

那伽王（对页图）

图中是吴哥窟的那伽王石雕，这片12世纪的庙宇建筑群十分广阔，位于柬埔寨西北部。

那伽王座

这是19世纪孟买的一幅印制品，多头的那伽王为毗湿奴的化身那罗延天盘成一尊王座。那罗延天周围有其他印度神灵，其中包括他的伴侣拉克希米，她的手放在他的腿上，而有翅膀的迦楼罗在他最左边。

鸟与蛇（左图）

鸟类攻击蛇类的故事在全世界都很常见，包括希腊、印度、伊朗、中国和墨西哥。在这张墨西哥邮票上，一只鹰抓住了一条蛇，这是阿兹特克文明的象征。

那伽皮影（左下图）

迦楼罗的宿敌那伽可以被描绘成各种形态。这张 20 世纪 30 年代的皮影来自印尼巴厘岛，那伽在这里是一条有翅膀的蛇。皮影是用兽皮、木料、涂料和植物纤维制成的，由玛格丽特·米德收集。

那伽神殿（下图）

在南印度，眼镜蛇的窝可能会变成那伽的神殿，比如图中果阿的这处蛇窝。妇女们为蛇提供牛奶、水果和鲜花，并以歌曲和熏香诱惑它们出洞。人们有时和致命的眼镜蛇相距咫尺却能相安无事。

第八章
天赐

在这光辉的树间，她做了巢，
半掩身躯，只露出火红的胸膛，
这犹如百轮烈日般的凤凰！
当她最终不得不化为灰烬时，
她这灿烂的死亡之所！
盛大的柴葬燃起芬芳的火焰！
她的骨灰远高于凡人的视野！
那是她再次新生之所！

——乔治·达利
《忘忧药》(*Nepenthe*，1839)

来自另一个世界的鸟？从中国和日本，到古希腊、罗马、埃及等国家，亚洲、欧洲和中东的传说中都有神鸟出现。据说这些神鸟来自神域，极少到达人间。而当它们来时，也许就标志着新纪元的开始，或是一位圣君将登上王座。这些不死鸟常常与火焰和太阳相关，它们能带来和平、复兴以及好运的启示。

凤凰的寓言（对页图）

这幅版画由埃吉迪乌斯·萨德勒（Aegidius Sadeler）模仿马库斯·海拉特斯（Marcus Gheeraerts）创作于1608年，画中，希腊-罗马传说中的凤凰正从它死亡的灰烬中飞起。

细节

· 凤凰是中国皇后的象征，也可以代表太阳、忠诚、南方以及阴阳和谐。

· 它的身体表达了五种中国美德：头部代表善良；翅膀代表责任；背部代表正行；胸部代表友好；腹部代表可靠。

· 它一般有着鸭子的身体和孔雀的尾羽，是多种鸟兽集合而成的一种神兽。

· 凤凰是不死的。

亚洲的凤凰

在亚洲，神奇的凤凰据说统御着所有鸟类。这位温和的统治者只依靠泉水和竹子生存，它不伤害任何事物，哪怕是一片草叶。在中国传统文化中，凤凰只出现在和平时代，来宣告有德君主的诞生。世界上有许多地区的鸟类寓言都和亚洲凤凰的传说相似。旅行、商贸和战争都会将不同的文化聚合在一起，传说也是如此，它们互相拓展，互相充实。

脊兽

在中国的许多宫殿与庙宇的屋瓦上，护卫着成排陶制的神兽。皇宫屋顶的脊兽通常由一尊骑着凤凰的神像领头，如图中所示。

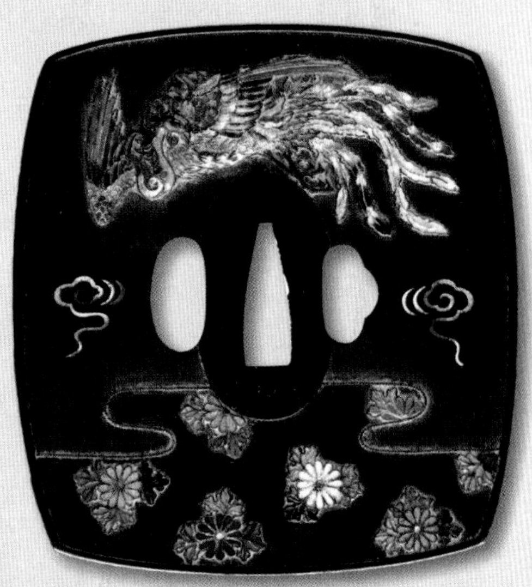

百鸟之王（上图）

在这幅精美的木刻版画上，一只日本凤凰舒展着它光辉灿烂的羽毛。该画由著名的日本艺术家鱼屋北溪作于 1822 年左右。

剑锷（右图）

根据亚洲的传说，当一只凤凰从天堂飞至人间时，它喜欢栖息在梧桐的枝条上。凤凰和梧桐一直是日本的象征。在这副日本剑锷上，一只金色的凤凰在梧桐花上盘旋。这一装饰艺术品的形态灵感源自武士甲，在江户时代（1600—1850 年）非常流行。

丝绣凤凰

曾经有一个女孩名叫西条线，她能绣出日本最美的绣品。她绣出的人物、神灵和动物的图像如此精美，就仿佛是活物被困在丝绸中一般。

有一天，当她坐着工作时，一个老人出现在她身边。他指了指她绣品上的一块地方，说："在这里绣两只凤凰。"这个要求让西条线很吃惊，但她照办了。她工作了一整天，这位访客也看了一整天。

两只鸟儿刚刚完工，翅膀就抖动了起来，接着它们从布料上飞起来了。老人爬到一只凤凰的背上，示意西条线爬上另一只，接着两只凤凰高高飞向永生之地，再不复见。

——选自日本民间传说

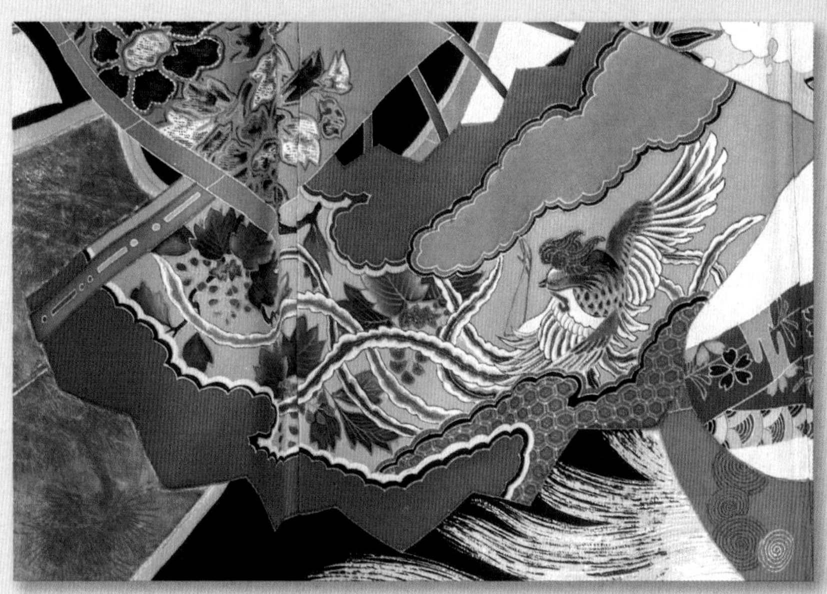

和服

此为女士正式和服的特写，上有精细的凤凰图样，制于 1920 年左右。

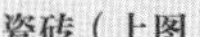

瓷砖（上图）

在古老的波斯传说中，有一种名为思摩夫的神鸟，会给人们带来智慧与友善。早期图画中的思摩夫很像格里芬，它有鹰的翅膀、孔雀的尾巴、狗的头和狮的爪。但在波斯败于蒙古人之后，这种传说中的鸟类开始变得像中国凤凰了。图中这片瓷砖制成于 1250—1325 年，很难说艺术家在设计图案时想的是哪一种神鸟。

丝绸刺绣（右图）

在中国传统文化中，凤凰是百鸟之王，并且象征着女性的高雅。右图中的两张绣面来自 19 世纪，是用来缝在女士礼服的袖子上的，在绣面上，白色的凤凰飘动于鹤和孔雀之间。这样华美的绣面常常会在衣裳穿旧后被保存下来，这样它们可以被不停地重复利用。

细节

- 贝努象征着太阳、重生、复兴、复活以及不死。
- 贝努活过五百年便死去，再从自己的灰烬中重生。
- 有时艺术家称其带着太阳般的光晕。
- 贝努的体积大小不等，有大有小。

埃及/西方的凤凰

在拜访埃及时，希腊历史学家希罗多德听说了神鸟贝努（Bennu）的埃及神话。他称其为凤凰，并写到它每隔五百年降临埃及太阳神庙一次。之后的作家们讲述了更加复杂的故事：每隔五个世纪，凤凰便燃于太阳引起的火焰中，之后重获新生。许多诗人和艺术家受此寓言的影响，将凤凰当作复兴与重生的象征。

圣甲虫（右图）

古埃及有一种名为贝努的神鸟，它与创造、复兴以及太阳的升落相关。圣甲虫是一种用于保护生者和亡者的埃及护身符，这块石英圣甲虫的右翼上刻画了一只站在圣舟上的贝努鸟，而左翼是地下世界的神灵奥西里斯。这枚圣甲虫所属的木乃伊来自公元前 1550—1186 年（新王国时期）。

名字的意义？（左图）

欧洲人曾以为中国的神鸟凤凰与西方传说中的凤凰是近亲。但事实证明，这两种鸟有着完全不同的神话来源，只不过它们拥有共同的名字“phoenix”。这幅绘有西方凤凰的版画来自德国百科全书作者康拉德·吕科斯塞涅斯 1557 年所著的《预兆与奇迹编年史》（*Prodigioram ac Ostentorum Chronicon*）。

西方凤凰

这幅1720—1750年的画作是荷兰画家科内利斯·特罗斯特（Cornelis Troost）所作，题为《凤凰》（*The Phoenix*）。图中，这只神鸟正从灰烬中站起。

神话的道德寓意

神话不仅仅是故事，有许多神话带有教化的意味。比如说，有些神话中的角色会引导人们端正自己的举止。另一些神话角色则撒谎、骗人或偷窃，而它们也会因此受到惩罚。日本有天狗的故事，天狗是佛教与神道教中一种半鸟半人、类似小妖精般的造物，它生活在森林中，嘲笑并惩罚高傲的人。日本谚语“天狗になる”意为“变成天狗”，用来警示人们不要傲慢自大。

天狗是高明的剑士，众所周知它们会戏弄傲慢的僧人，并惩罚滥用知识或权威的人。某些故事称，骄傲自负的人会转生成天狗，只有终生行善才能再世为人。天狗可能是在公元500至600年从韩国和中国传至日本的，最开始它们被视为破坏的恶魔和战争的预兆。甚至到了1860年，日本政府还贴出官方公告，请天狗暂时离开某座山头，以便幕府将军按计划到访。

不过，随着时间的推移，天狗的形象转化成了一种淘气的山间小妖精。如今，日本动漫（某种卡通）中常常出现类似天狗的角色。

面具（对页上图）

类人的天狗往往和人类不同，它们有不自然的长鼻子或红脸。这具19世纪的日本面具是用木料、漆、毛发和颜料制成的。

淘气的山间小妖精

最早的天狗有鸟喙、翅膀和爪。后期的天狗更像人类，不过有很长的鼻子。许多故事描述天狗的翅膀“微微发亮”。天狗拥有超自然的能力：

- 变形成人或动物形态
- 说话无须动嘴
- 从一处瞬移至另一处
- 随意进入人们的梦中

山中僧侣

天狗有变形的能力，能变成各种形态。但传说中的天狗往往有人的身体和翅膀，另外还有一个长鼻子。自 13 世纪以来，人形的天狗常常戴着特别小的黑帽子，穿的长袍和被称为“山伏”的山间僧侣的长袍一样。

山伏根付

图中是一个 19 世纪的根付，这种小拴扣或按扣是用来给衣服上挂小容器的。它用象牙、水晶、贝壳、木料和颜料制成，雕成了天狗的形状。据说这种鸟形的天狗是从巨蛋中破壳而出的，住在山间的高树上。

天狗

很久以前，有一个人在日本的森林中徘徊，偶遇了一只名叫天狗的长鼻子妖精，天狗同意教他忍术。这个人运用忍术，可以让自己隐形，可以在水下潜泳数小时，或是跑得像马一样快，他只需要念几个词就可以做到这一切。但这个人傲慢自大，很快开始滥用自己的能力，他运用忍术偷窃旅者的东西，有时甚至杀死他们。有一天，他在穿行山间时遇到了一个农夫，农夫沿着路走得很慢。这个人很不耐烦，不想等农夫让开道路。他抽出剑，挥向了农夫的脖子，但是剑根本没能留下痕迹。他低下头，看到自己的剑已经断了，再抬起头，发现农夫正坐在一棵树上大笑。这个农夫实际上是一只伪装的天狗。随后，这个人无法再施用忍术了，很快他就被抓了起来，受到了惩罚。

——改编自宫崎正明所讲述的
关于其远祖的故事，由美国民俗学家
理查德·多尔松（Richard Dorson）记录于 1957 年

木版画（左图）

图中画了一只长鼻子的天狗，这幅图出自 1830 年左右的一本日本出版物。

朝圣的天狗（上图）

这幅约 1834 年的彩色印刷图名为《黄昏》（*Yellow Dusk*），由日本版画大师安藤广重创作。画中有一位神道教朝圣者正向日本静冈县东部的沼津镇走去，他身后背着一个巨大的天狗面具。

第四部分

龙

Creatures of Power

在所有生于水、潜行于大陆或翱翔于天空的神兽中，龙是最有名的。这种蛇形的兽类有着令人难以置信的力量，它们的故事几乎让全世界的人都为之敬畏。亚洲传说中的龙能带来雨水，它们可以缩得很小，小到能钻进一个茶杯；又或是长得很大，大到填满整个天空。欧洲的龙能用腐败的气息杀人，或是吐出火焰点燃整个城市。最早的关于龙的传说可以追溯至数千年前，而这种神兽至今仍出没于我们的想象之中。

冷酷的破坏者

《圣乔治和龙》（*Saint George and the Dragon*，约 1495—1505 年），出自意大利文艺复兴画家路加·西诺雷利（Luca Signorelli）的工作室。

第九章

欧洲与新大陆的龙

龙……咆哮着，让整个国家听到它的愤怒。

黑暗的天空闪动绿光与火焰，这怪物扇动翅膀，

带着仇恨迅捷地飞行，用它呼吸的火焰点燃他们的房子，

直至处处崩毁标记出它的路线，直至每家每户都成断壁残垣。

——《贝奥武夫》(*Beowulf*，公元 700—1000 年)

龙的神话源自何处？欧洲传说中的龙是强大、邪恶且危险的。在基督教文化中，它们象征着撒旦或罪恶。有些龙住在洞穴里，守卫着非凡的宝藏。饥饿时，它们可能会捕食游荡到近处的绵羊或牛。它们还可能吃人，尤其要吃年轻的女孩。中世纪的许多叙事诗都讲述了勇者和骑士同残忍贪婪的龙搏斗的故事。在有些故事里，英雄杀死了他的敌人，赢得了财富和荣誉；而在有些故事里，他们会失败，反被杀死。从古至今，蛇与龙蜿蜒的形态曾点亮过许多艺术家的灵感，直至今日，我们仍能在流行文化中看到各种各样的龙，从书籍到电影再到游戏，龙无处不在。

邪恶的龙（对页图）

在新约的启示录中，龙通常被等同于撒旦。启示录第 12 章第 7 与第 9 节节选："天堂中发生了战争：米迦勒带领天使们与龙战斗；龙也与天使们战斗……巨龙被驱逐出了天堂，这老蛇又叫作恶魔，叫作撒旦。"这幅图是阿尔布雷特·丢勒的蚀刻作品——《圣米迦勒在战斗》(*St.Michael Fighting*)，创作于 1498 年左右。

这里有龙

细节

· 欧洲故事中的龙常住于洞穴深处，或是近处有牲畜放牧的沼泽中。有些龙白天沉睡，夜幕降临后便会发狂。

· 许多龙都有翅膀。

· 它用炽烈带毒的呼吸杀人。

· 它可以用尾巴勒死大型动物。

· 它用四条腿、或两条腿爬行，或是没有腿。

欧洲博物学家曾认为龙是蛇的近亲，蛇与龙也曾一同出现在欧洲的博物学书籍中。在欧洲传说里，被称为蛇怪的类龙生物有时被描述为一条巨大的蛇，或一只巨大的蜥蜴，有王冠状的头冠。有些作家称其为蛇王，声称它轻轻一瞥就能杀死一个人。

西方龙的传说可能源自古希腊，在希腊的无数传说中，蛇形的怪兽常带着翅膀，有时还有许多头（dragon 一词源自希腊语 drakōn，意为“大蛇”）。

播种战士（右图）

希腊神话中，底比斯第一任国王、希腊英雄卡德摩斯杀了一条龙。他遵从雅典娜的命令，将龙牙种进地里。一群武士从牙中跳了出来，他们互相残杀，最后只剩下五个人。而这剩余的五人帮助卡德摩斯找到了底比斯。这幅描绘该神话的版画创作于1615年，出自亨德里克·霍尔奇尼斯（Hendrik Goltzius）的荷兰工作室。

勒纳湖的海德拉（对页图）

图中这一卡厄瑞水罐（古希腊彩瓶）来自公元前525年左右的伊特鲁里亚（意大利中部），罐上描绘了赫拉克勒斯与勒纳湖的海德拉战斗的场景，后者是希腊神话中的多头龙蛇水怪。

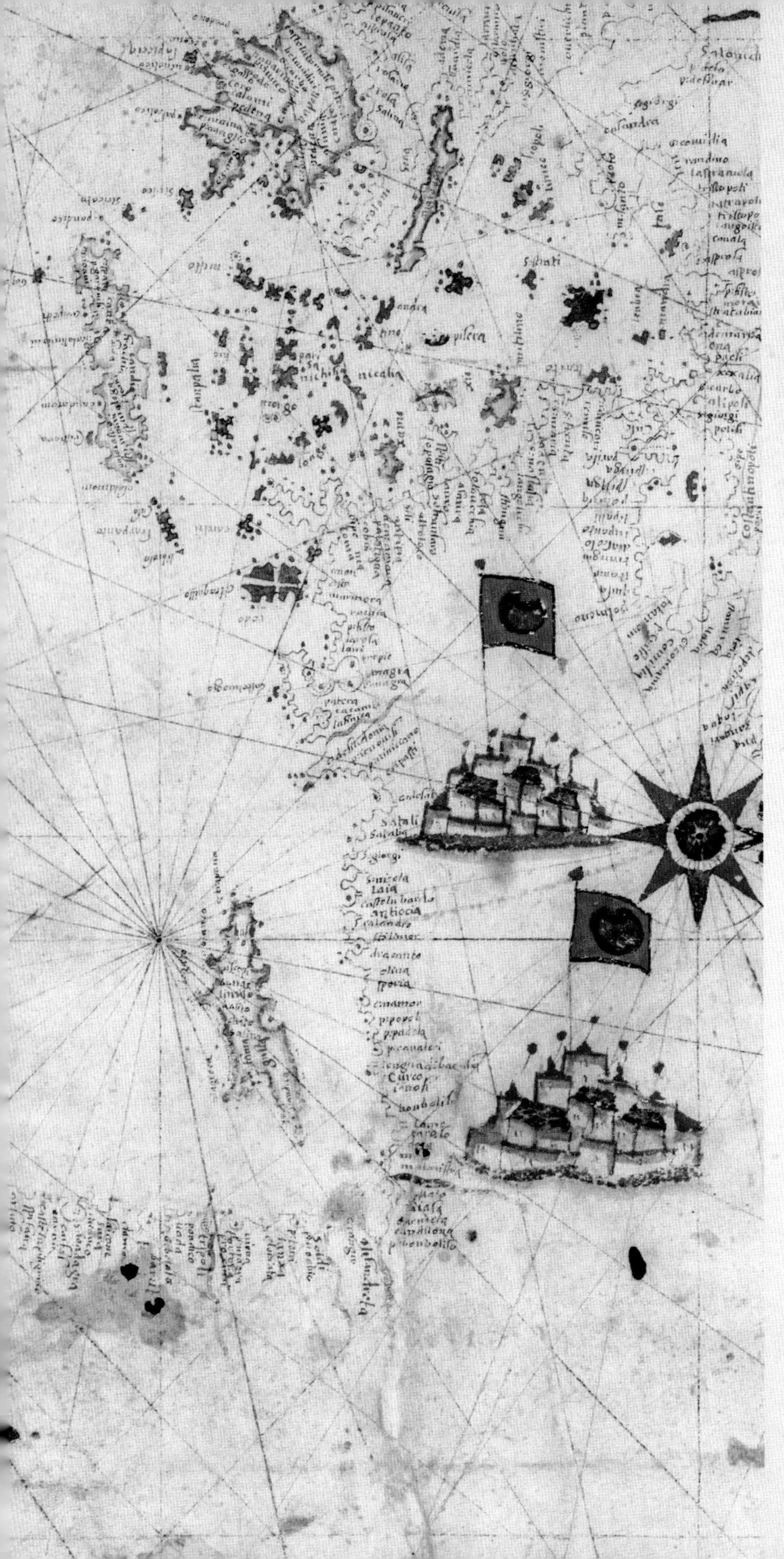

地图上的龙

早期地图上有时会画着龙，以表示危险、未知或未开拓的区域。不过目前只从两个16世纪的地球仪上发现了拉丁文的句子：“这里有龙。”此图是一张地中海及黑海的波托兰[1]（指航海指南）航海图，由意大利制图师普拉奇多·奥利娃（Placido Oliva）绘于1580年左右。图中角落处有一只在喷火的龙。

---

1. “波托兰”音译自拉丁语“Portolano”，原指航海指南书籍，这种书籍中常附有航海图，后来人们就开始用“波托兰”指代航海图。其特点是图面上常常绘有罗盘纹样。

Hic eſt Draco ille alatus et quadripes
omni ævo memorabilis. quem Deodatus de Gozon
Eques Hieroſolymitanus, in inſula Rhodo eo quo
deſcripſimus ſtratagemate confecit. qui et ob
beneficium in Inſulam collatum poſtmodum
Magnus Ord. Magiſter creatus eſt.

龙之野

1678 年，德国博物学家阿塔纳修斯·基歇尔（Athanasius Kircher）在他影响深广的地质学著作《地下世界》（*Mundus Subterraneus*）中，描述了龙的习性。这本书中有许多龙的插画，包括上面这张四脚类样本。另一张插图（对页上图）描绘了瑞士皮拉图斯山的传说之龙，据说它们能引发恐怖的暴风雨。对页下图描绘了一位当地英雄：据报道，约公元 1250 年，瑞士骑士海因里希·冯·温克尔里德（Heinrich von Winkelried）杀死了一只好斗的龙，之后却因接触了其有毒的血液而去世。

Mons Pilati

Lacus
Lucernen

Dracken feldt

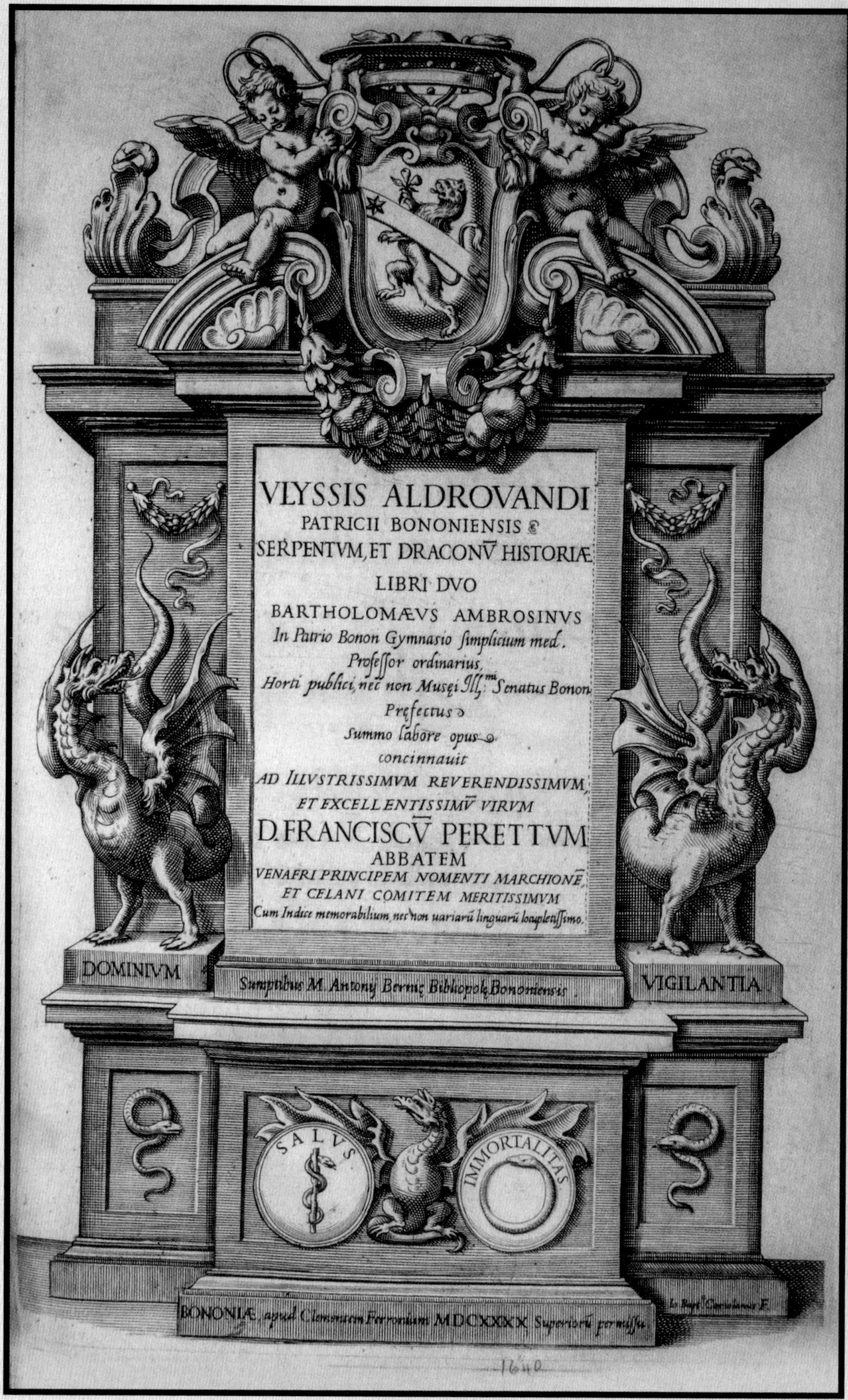
VLYSSIS ALDROVANDI
PATRICII BONONIENSIS
SERPENTVM, ET DRACONV̄ HISTORIÆ
LIBRI DVO
BARTHOLOMÆVS AMBROSINVS
In Patrio Bonon Gymnasio simplicium med.
Professor ordinarius,
Horti publici, nec non Musei Ill.mi Senatus Bonon
Prefectus
Summo labore opus
concinnauit
AD ILLVSTRISSIMVM REVERENDISSIMVM,
ET EXCELLENTISSIMV̄ VIRVM
D. FRANCISCV̄ PERETTVM
ABBATEM
VENAFRI PRINCIPEM NOMENTI MARCHIONĒ,
ET CELANI COMITEM MERITISSIMVM
Cum Indice memorabilium, nec non uariarū linguarū locupletissimo.
DOMINIVM
VIGILANTIA
Sumptibus M. Antony Bernię Bibliopolę Bononiensis
SALVS
IMMORTALITAS
BONONIÆ, apud Clementem Ferronium MDCXXXX Superiorū permissu
1640

“有翼的龙飞越非洲大陆，用它们的尾巴抽死无数牛一类的动物。”

——乌利塞·阿尔德罗万迪《蛇与龙的历史》

（*Serpentum et Draconum Historiae*，1640）

蛇王

欧洲博物学家曾认为龙是蛇的近亲，在《蛇与龙的历史》一书中，意大利博洛尼亚大学的科学教授乌利塞·阿尔德罗万迪（Vlisse Aldrovandi）探讨了龙的习性与生活环境。右边这幅精细的版画就来自上述书籍，展示了一条戴王冠的蛇怪——“蛇王”。下图是一条有翅膀的龙，对页图则是该书的卷首插画。

圣乔治与龙

传说中的屠龙者圣乔治是基督教信仰中的代表性人物。人们认为圣乔治大约生活在公元 3 世纪，他可能出生在古卡帕多西亚，就是如今的土耳其。据说他是一位罗马士兵，因拒绝放弃自己的信仰而被斩首。圣乔治与龙的书面故事最早出现在《黄金传说》（*Golden Legend*，约 1260 年）中。这是一本圣人传记集，作者是热那亚大主教雅各布斯·达·瓦拉吉尼（Jacobus de Varagine）。在 15 世纪 50 年代之后，这本传记有了各种语言的翻译版，从此流传得更加广泛。在故事中，圣乔治救了一位利比亚公主，使其免遭献祭于龙。这一故事颂扬了保护弱者、直面侵略者、牺牲成就圣洁的精神。

宗教典籍（左图）

在埃塞俄比亚的东正教会中，圣乔治一直受到礼赞，该教会可追溯至一千七百多年前。左图这幅圣乔治像来自一本名为《圣保罗书信》的卷首插画，其年代未知。

军人圣者（对页图）

这幅画由著名的佛兰德画家罗吉尔·凡·德尔·维登（Rogier van der Weyden）创作于 1432—1435 年，公主看着穿戴全副战甲的圣乔治用长矛刺死了龙。

“圣乔治是一位出生于卡帕多西亚的骑士，有一次他前往利比亚省，来到一座名为赛林的城市。这座城市边上有一个像海一般的大池，池中有一条龙，它危害着整片地区。”

——《黄金传说》，雅各布斯·达·瓦拉吉尼著

由威廉·卡克斯顿翻译于 1483 年，

此为 1900 年版

硬币（对页上图）

绘有屠龙圣者的钱币不仅存在于基督教王国，亦可见于伊斯兰世界。在土耳其和叙利亚，基督教的圣乔治有时会被当作阿希德尔接受人们的敬仰，后者是一位掌管春季与生产的穆斯林守护圣徒。图中这枚金币来自英国都铎王朝（约 1544—1547 年），钱币上雕有英国守护神圣乔治。

纹章（对页下图）

在中世纪，龙是很受欢迎的纹章图案，它们出现在旗帜、印章以及官方和军事力量的其他符号中。此处的雕刻来自 19 世纪的伦敦盾徽。

一张熟悉的脸

一直到工业时代，龙仍然是一种关于背叛的强力象征。它们常被用于政治海报和政治漫画中。在“一战”期间，英国和德国都以圣乔治屠龙的海报来描画敌人。左上图是 1914 年的德国海报，图中，圣乔治代表德皇威廉二世，图下方的文字意为“我们的皇帝向其人民致意”。右上图则为 1915 年的英国海报，它是一幅征兵宣传图。

新大陆的龙

羽蛇神

霍奇卡尔科（下图）

羽蛇的蜿蜒形态被刻在墨西哥霍奇卡尔科的一座神庙墙上，在公元600—900年，这里曾是一个富饶王国的首都。羽蛇的许多早期画作很像亚洲和欧洲的龙。世界上如此多的神话中都出现了类蛇造物，这可能是因为蛇类长而软的身躯以及起伏的动作很像流水——生命之源。

在墨西哥的中美洲古城霍奇卡尔科，有一座矗立于废墟中的神庙。张着大口的石蛇首一路护卫着石阶，直至顶端。这座羽蛇神神庙供奉的神灵被称为“Quetzalcoatl”，意为“羽毛蛇”。这位神灵以多种形态出现，不过它通常有尖锐的长牙、炽烈的视线、蛇一般缠绕的身躯以及热带鸟类绿咬鹃的深绿色羽毛。在阿兹特克宗教中，羽蛇与天空相关：与雨水、风和金星的活动相关联。与欧洲和亚洲的龙一样，它也是祭司和国王的强大象征。

蛇首（上图）

如上图般瞪着眼的蛇首也出现在墨西哥特奥蒂瓦坎的一座庙宇中，这座繁荣的城市于公元1—700年兴起又衰败。这些石雕属于某些最古老的神像，它们是龙形的神灵，被墨西哥和中美洲的古老文明所崇拜。没有人知道特奥蒂瓦坎的居民如何称呼它，不过它的阿兹特克名字是羽蛇神，而玛雅人称其为“库库尔坎（K’uk’ulkan）”。两个名字都可以被译为“有羽毛的蛇”或“羽毛蛇”。

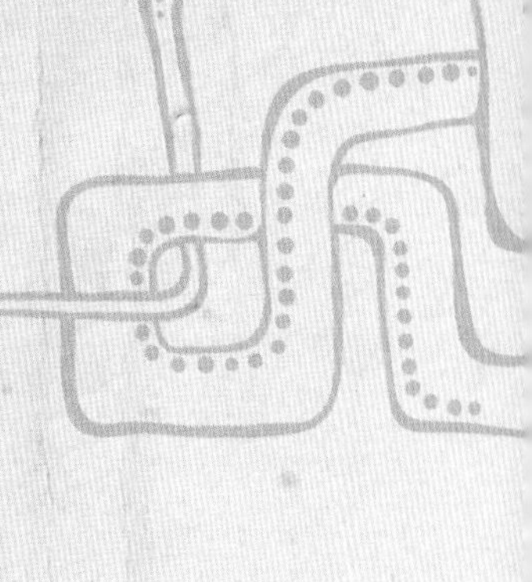

《托瓦尔抄本》

这幅羽蛇神插图选自《托瓦尔抄本》（*Tovar Codex*），这是一本关于阿兹特克人历史及文化的插画手稿，由墨西哥耶稣会信徒胡安·德·托瓦尔（Juan de Tovar）创作于大约1585年。托瓦尔的父亲是位船长，他曾与西班牙征服者潘菲洛·德·纳瓦埃斯（Pánfilo Narváez）一起旅行至新大陆。

羽蛇神庙（下页图）

特奥蒂瓦坎羽蛇神庙的近照。

下り龍
一英斎芳艶画

第十章

亚洲的龙

盖虫莫智于龙，龙之德不为妄者。

能与细细，能与巨巨，

能与高高，能与下下。

——北宋名臣陆佃（1042—1102 年）

东亚传说中的龙有着通天彻地的能力。它们呼吸成云，搬移四季，控制江河湖海中的水。它们属阳——热、光与行动的阳性法则，对立于阴——冷、暗与静止的阴性法则。龙在东亚文化中已存在了超过四千年，在佛道儒传统文化中，它们被人们当作力量之源及行雨者崇拜。

日本的龙（对页图）

木版画特写图中展示了两条龙，该画由日本版画师歌川芳艳创作于大约 1843 年。

至高无上的龙

细节

· 龙额头上的隆起称为“尺木”，可助其浮上天空。

· 它有八十一片鳞，即九乘九——九在中国是幸运数字。

· 它的唾液甜香。

· 它的视力卓著。

· 它有四条腿，每足有五爪，不过通常没有翅膀。

· 中国的龙冬季生活在水下，到了春季便升空降雨。

据说，高贵的龙生活在中国的江河湖海中，它们可以小得像一条蚕，也可以大得填满天空。每到春季，它们便从水中升起，在天空中盘卷翻滚，呼出云朵，送出雨水染绿农田。在中国传统文化中，江河湖海的主人被称为“龙王”。它住在海底的宫殿里，虾蟹乌龟是它的侍臣。

在东亚文化中，龙凌驾于所有其他生物之上，同时也是皇权的象征。中国的帝王也被称为“龙”。他的手是龙爪，他的座位是龙座。一位明君能与天地相合，以天人合一之势统治国家，为所有人带来和平与繁荣。

皮影（右图）

龙王及其朝臣在皮影戏中扮演神奇的角色，这种戏在北京街头曾盛行一时。在皮影戏中，操作者坐在布屏或纸屏后面，用竹枝移动皮影、小道具及布景。有一盏灯从后方向前照射，使皮影在屏幕上投下观众能看见的彩色影子。在一场经典皮影戏中，女将刘金定爱上了一位英俊的将军，要求他娶她为妻。将军拒绝了她，但此时龙王前来帮助刘金定，它引发了洪水，威胁要淹死这位不情愿的新郎。图中这具皮影来自19世纪的北京，它是用驴皮、铁丝、棉花、染料和桐油制成的。

龙王（上图）

在这幅拓印的图上，中国的龙王正从海底龙宫升入云中。这幅画来自《程氏墨苑》一书，作者为制墨师程君房。

宝珠

皇袍与其他东亚艺术作品上的龙常常有一颗宝珠，被枝状火焰围绕（画面正中）。有些学者将宝珠视为滚雷的象征，是龙在升上天空后从口中吐出来的。另一些学者则认为它是“蕴含潜能的夜明珠”，是道教变动不定之理念的哲学象征。右边这幅镀金翡翠图来自 1745 年的《玉瓮歌》一书，其作者为乾隆皇帝。

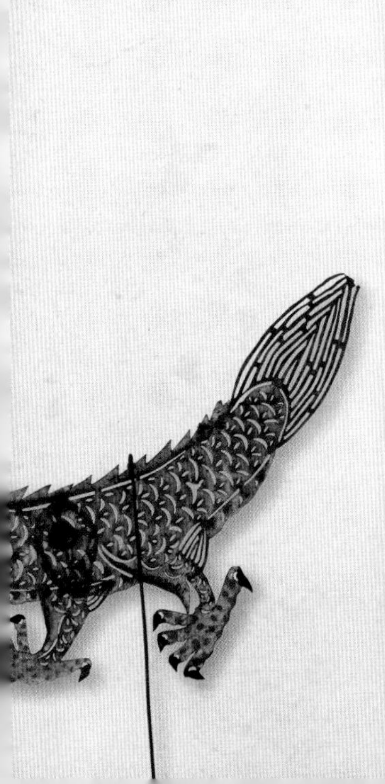

“角似鹿、头似驼、眼似兔、项似蛇、腹似蜃、鳞似鲤、爪似鹰、掌似虎、耳似牛。”

——东汉思想家王符（约 85—约 163 年）

紫禁城

图中的龙是九龙壁的一部分，这面瓷砖墙建于 1773 年（清乾隆皇帝在位期间），位于紫禁城的宁寿宫。紫禁城是北京皇城，也是中国朝廷（1420—1912）所在地。

龙袍

据说中国龙是在湖底或海底过冬的。每到春天它们就升上天空，造出惊雷，形成云朵，降水于大地。绣在皇袍上的龙通常都有从海中飞向天空的形态。

中国龙是一种强大的力量，它的深远影响超出了中国的疆界。当帝国繁荣时，中国统治者常常将刺绣华美的龙袍送至邻国，以体现其善意及外交姿态（见第 168 页）。这些服装传达了如此强大的能量，它们有时会被供奉起来，并且常常被仿造。

女式长袍（右图）

在超过一千年的时间里，中国帝王都穿着饰有金龙的长袍。根据清朝法令，只有帝王及其直系亲属能穿绣五爪龙的长袍，就如图中所示的这件 19 世纪丝袍。那些低阶的王族必须将龙爪数减少。不过到了王朝末期，这些规则常被忽视。有些龙袍是为戏院制作的，它们的特征更加夸张，以在舞台上呈现多彩的效果。

新郎上衣（右图）

中国龙的图案设计出现在那乃人华美的纺织品中，他们居住在中俄远东边境。这件19世纪的婚服上拼贴了许多丝绸与棉花碎布，抓住了清朝帝王龙袍的精髓。小色块形成了背部的鳞片，龙袍的织锦贴片突出了肩膀，褶边波浪状条纹的喻义是水。

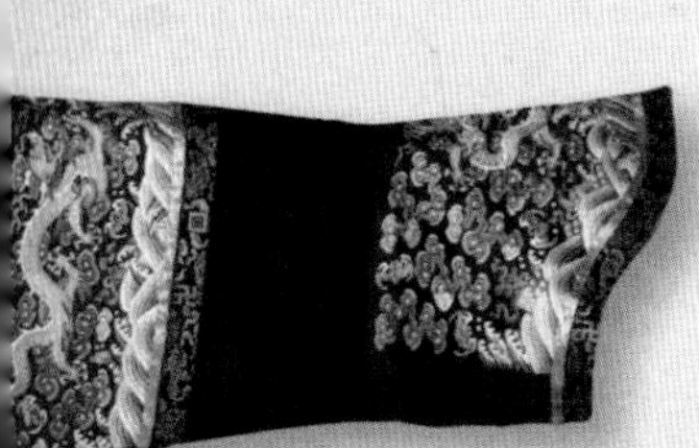

龙的统治（左图）

这幅18世纪的版画由佛兰德版画师兰伯特斯·安东尼厄斯·克莱森斯（Lambertus Antonius Claessens）创作，画中描绘的是乾隆皇帝，他的统治期从1735年延续至1796年。这张图选自1798—1801年的书籍《大英帝国遣使访问中国皇帝之真实记录》，这本旅行见闻录是马戛尔尼使团1793年访华的记录，这是英国第一支外交使团，由马戛尔尼伯爵一世乔治·马戛尔尼（George Macartney）领队。画中，乾隆皇帝穿着一件绣龙的长袍，这象征着他无上的权力。

龙的儿子

很久以前，有一个贫穷的农夫，住在离城镇很远的荒芜田地里。有一天，他从田里回家，走过一个池塘。而他停下来，惊愕地瞪着眼：塘边躺着他的妻子，睡得正熟，一条巨大的鳞龙在她身上若隐若现。此时，乌云遮蔽了天空，亮起了闪电，炸响了惊雷。数月后，农夫的妻子生了一个漂亮的儿子，夫妻俩非常高兴。这男孩长大后成为皇帝，即汉高祖刘邦（公元前 206—公元 220 年）。

——改编自司马迁 《史记》

巨大的鳞龙

这张插画选自 16 世纪的《程氏墨苑》（见第 150 页）。

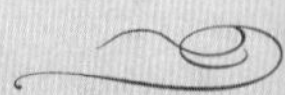

幸福的夫妻（下图）

在中国艺术作品中，龙有时会和另一种神兽——凤凰（见第 118 页）成对出现，如下面这幅《程氏墨苑》中的插图所示，它们被视作吉祥的象征。龙凤成双通常意味着婚姻和谐与阴阳调和。在明朝（1368—1644），凤凰成为皇后的象征。

龙坡（上图）

太和殿建于明朝，位于北京的紫禁城中，殿前阶梯中央的这条石坡上雕着龙，象征帝王。当皇驾通过时，皇帝的轿子会被抬着从龙坡上经过。

“曾经有一位具有魔力的国王统治着库车国，它位于中国的西部边境。那个时候，市场上到处流通着黄金、丝绸和贵重的宝石。但是有一天夜里，一条淘气的龙将这些珍宝都变成了木炭，国王失去了财富。于是国王反击了，他拿起他的剑追捕那条龙，跳到了它的背上。龙愤怒地喷出像闪电般的火焰，向天空高飞。但国王一直很冷静。‘如果你不投降，’他平静地对龙说，‘我就砍掉你的头。’‘请别杀我！’龙喊道，‘我会带你去任何你想去的地方！’从此以后，这位国王便不再骑马，而是乘龙出行，轻巧地飞越整片国度。”

——源于丝绸之路上讲述的一个故事，
由五代至北宋初年名相、文学家李昉（925—996 年）记录

快速变化（右图）

在东亚传说中，龙是变形大师。它可以缩小、伸展，或是消失，又或者是变成鱼形、蛇形或人形。这幅 20 世纪早期的插画描绘了中国禅宗佛教圣人慧能（638—713 年）的故事，图中，慧能正劝一只凶猛的恶龙缩小到能钻进他饭碗里的程度。

形象传播（对页图）

中国的图像和理念通过友好的方式——有时也通过战争和征服——传播至另一片大陆。这是一幅 1604 版史诗《列王记》插图的微缩图，图中描绘的是一则波斯寓言，但其中的龙却是中国龙的样貌。在 13 世纪，有许多艺术形态从中国传至波斯（如今的伊朗），龙便是其中之一。

中国舞龙

舞龙是中国春节的传统活动。在全世界的唐人街，庆祝春节的表演者都会上街游行，举着杆子，舞动一条长长的、用竹子、布料和纸制作的彩龙。这一风俗有久远的历史源头——龙是春天的象征，它的形象被用于祈雨仪式至少可追溯至汉朝。

八人舞龙

这是一幅 1880 年左右的日本印刷品，描绘了一场中国舞龙表演。

“龙生性粗猛，而爱美玉、空青，喜嗜燕肉，畏铁及罔草、蜈蚣、楝叶、五色丝。”

——明朝李时珍（1518—1593）

纽约的龙（上图）

此处所示的游龙是在中国香港制作的，它曾出现在许多公众活动中。此处举着它的舞者来自温志明洪拳国术总会，这是纽约城的一所武术学校。

唐人街游行（下图）

下面这幅中国龙的照片来自2014年旧金山的一次游行。

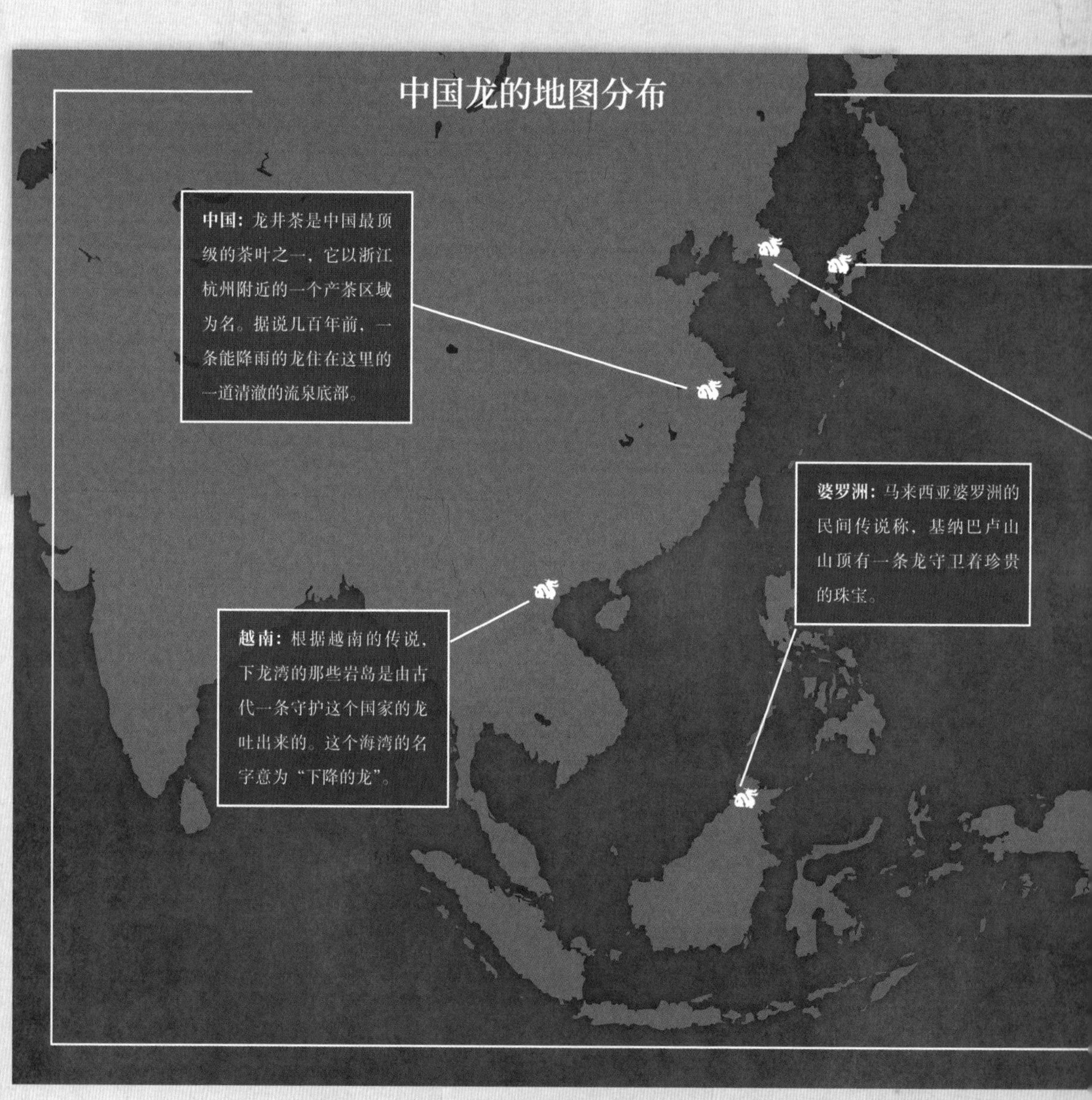
中国龙的地图分布
中国：龙井茶是中国最顶级的茶叶之一，它以浙江杭州附近的一个产茶区域为名。据说几百年前，一条能降雨的龙住在这里的一道清澈的流泉底部。
婆罗洲：马来西亚婆罗洲的民间传说称，基纳巴卢山山顶有一条龙守卫着珍贵的珠宝。
越南：根据越南的传说，下龙湾的那些岩岛是由古代一条守护这个国家的龙吐出来的。这个海湾的名字意为“下降的龙”。

日本：据说曾有一位龙王住在日本京都皇家花园神泉苑的一个池塘里。到了干旱季节，佛家僧侣便在此举行祭典，以劝说龙王出水行雨。

韩国：在首尔的古城中心东部，有一道又长又低矮的山，名为骆山，形状像一条卧着的蓝龙。其西部有一座较高的仁王山，也曾名为白虎山。韩国首都大约是六百年前在这些山峰下建立起来的，根据该国的空间规划原则——即风水——这是块福地。

大门护卫（左图）

图中这一中国门拉手（约1600年）上装饰着一条五爪龙，用以抵御邪灵。

云龙（下图）

在这幅1900年左右的日本木刻版画中，一条龙正从云中出现。

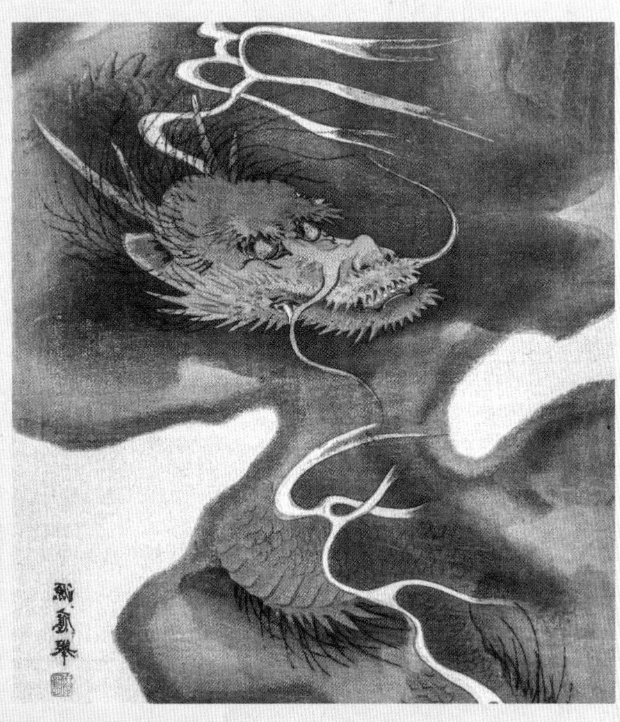

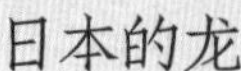

日本的龙

日本龙的神话源于中国，它可能是通过佛教的传播传到这个岛国的，那时是公元6世纪左右。日本龙和中国龙很像：它们一般都没有翅膀，呈蛇形，足部有爪。日本的龙传说也有数百年的历史，而它们至今仍活跃在流行文化中。例如，在日本的流行动漫系列《七龙珠》中，神龙就有实现愿望的力量。

剑锷（上图）

日本武士在战斗中使用剑锷保护自己的手。后期的剑锷都装饰得很华美。这具江户时代的剑锷是以铜合金和黄金制成，其上有一条龙载着吕洞宾——道教中著名的八仙之一。

盔甲（右图）

日本武士的战甲上常有龙，它们在日本是力量与权力的象征。日本家庭在5月5日的儿童节（曾名男孩节）仍然会弘扬这种精神，除了其他装饰外，他们会用武士形象及其他战斗象征的微型展示来点缀家中，这些象征物包括剑、头盔和全套盔甲。图中这套铁制护胸甲来自江户时代。

武士（对页图）

这张照片由日本著名摄影师日下部金兵卫拍摄于1875年左右，照片中是三位穿着盔甲的武士。

福廼屋内成
六樹園

十三弦筝演奏（对页图）

这是一幅 1820 年左右由屋岛岳亭所作的印刷画，画中一位女子正演奏十三弦筝（弦乐器），她的腿边盘着一条龙。

武士印刷画（左图）

在画中，武士田殿满中骑在马背上，用箭射中了一条正从河中飞出的龙。这幅画是由浮世绘大师大苏芳年在 1880 年左右创作的。

各个国家的龙

中国的帝王曾将龙袍以及用绣龙丝缎包裹的弓箭送给各地的统治者，包括韩国、越南、缅甸、蒙古以及其他邻国。在一些国家和地区，人们模仿龙袍来制造礼服，并将龙纳入自己的本地文化中。送出这些礼物是为了维护两国的关系，与此同时，中国龙的形象也随之传播到了东亚及中亚的大部分区域。

“去年您送给我一件蟒（五爪龙）袍。我把它放在卧榻上，每天早晚举起双手礼拜它。但我害怕，不敢穿上它。现在我预备祭奠先王，可能要穿上它来敬奉我的祖宗。”

——选自 1588 年朝鲜宣祖王寄给中国万历皇帝的一封信

龙鼓

这座佛寺上描绘着传统的韩式丹青彩画——在建筑上用鲜艳的原色描绘精细的图案。佛教仪式中所用的鼓常被悬挂在庙宇入口，图中这一面鼓上绘着一条韩国龙。

龙和鲤鱼

在一则传播至亚洲各地的中国民间传说中，数千条锦鲤试图跃过黄河上一道名为“龙门”的瀑布。有一条坚毅勇敢的鲤鱼成功了，它立刻变成了一条龙。这幅20世纪早期的韩国画作中描绘了一条庄严的龙，以及三条悠游的鲤鱼。那条红嘴鲤鱼便是注定要化龙的。

庙龙（对页图）

如图所示，在许多韩国庙宇中，蛇形的龙装点着房顶和屋椽，它们能帮助祷告者升上天堂。

龙雕（下图）

一条巨龙雕像立在海东龙宫寺外，守卫着釜山的这座佛寺，其历史可追溯至 1376 年。

屋椽（上图）

在东南亚婆罗洲岛上，加央族和肯雅族的传统房屋都有长长的游廊，廊顶上的屋椽都雕刻有蜷伏的龙。图中流畅的龙形屋椽制于20世纪早期，创作它们的艺术家可能是从中国商人带上岛的瓷罐中得到的灵感。在婆罗洲，龙是地下世界的女神。她保护着生者、看守着死者，与大地、水、雷和闪电相关联。

泰国神灵（左图）

在亚洲传说中，帝王、贤者、神灵和圣人都常乘龙出游。这幅泰国画作来自1870年左右的一部手稿，画中，一位印度神灵正骑着一条蓝龙。

龙与女神（对页图）

这尊19世纪的镀金小铜像展现了一条龙载着山神多杰勒毛，在藏传佛教中，她是护法女神十二丹玛之一。

肝神圖

神名龍煙字含明肝之狀爲龍主藏魂象如懸匏色如縞映紺生心下而近後右四葉左三葉脉出于大敦大敦左大指端三毛之中也

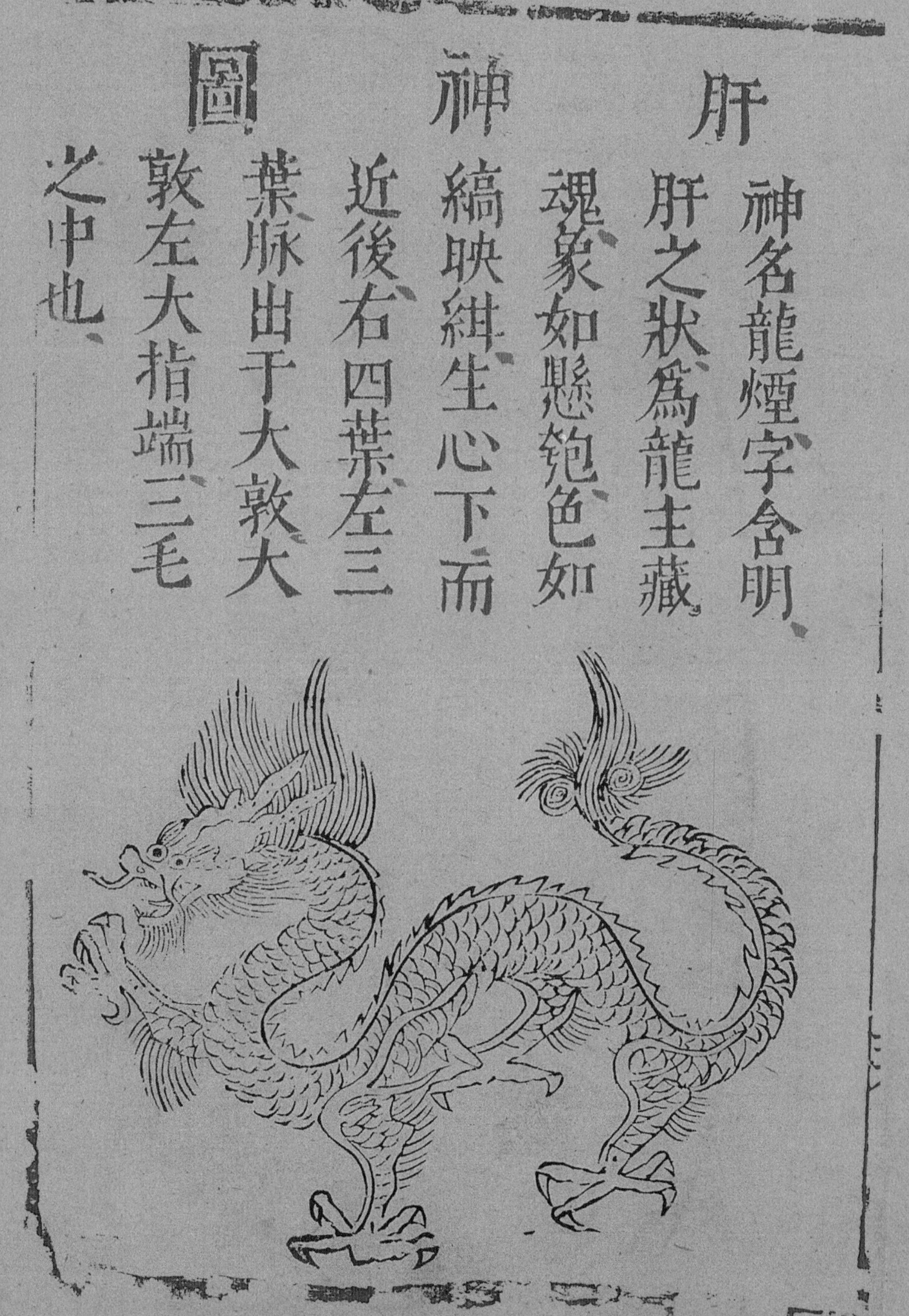

第十一章

龙与自然史

山间的龙有金色的鳞，长度也超过平原的龙，

并且它们有浓密的胡须，也是金色的。

它们的眼睛深陷在眉弓下，闪着可怕又残忍的光。

——希腊哲人斐罗斯屈拉特（约公元 170—245 年）

《阿波罗琉斯的传记》（*Life of Apollonius of Tyana*）

在传奇和民间故事里，龙是有魔力的，然而早期的博物学家往往认为这些神兽是自然界的一部分。中国学者将龙归类为 369 种有鳞动物之一；欧洲的生物学家曾详细描述过龙的行为及栖息地，将它们与蜥蜴和蛇放在一起（见第 132 页）。早在古生物学还未开始发展之前，人们在欧亚挖掘出石化的骨骼，便认为这是发现了更早期的龙的残骸。

龙肝（对页图）

这幅明朝的木版画来自 1609 年出版的一本百科全书——《三才图会》，该书由王圻及其儿子王思义编撰。肝的精气被描绘为龙形，而所谓的龙牙（粉碎的恐龙化石）据说可治肝病。

岩层中的龙

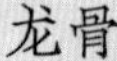

龙骨

传统中医所称的“龙骨”被用来治疗无数疾病——从疯癫到腹泻和痢疾。中药店里卖的大多数龙骨碎片和粉末都来自已灭绝哺乳动物的化石残骸，它们是从中国著名的化石层中出土的。

“夫使，先以香草煎汤浴过两度，捣研如粉，用绢袋子盛粉末；了，以燕子一只，擘破腹，去肠，安骨末袋于燕腹内，悬于井面上一宿；至明，去燕子并袋子，取骨粉重研万下，益肾药中安置，图龙骨气入肾脏中也。其效神妙。”

——南朝中医雷敩（公元 420—477 年）

石骨（左图）

这些“龙骨”样本来自 1900 年前后的中国，是一位不熟悉中药的收藏者购买的。它们其实只是普通的岩石。

地里的骨头（对页图）

图中是博物学家及探险家罗伊·查普曼·安德鲁斯（美国自然博物馆的主管）、脊椎动物古生物学者沃特·W. 格兰杰（Walter W. Granger），以及恐龙骨骼。这是第三次亚洲探险中在蒙古拍摄的照片，时间约为 1928 年。

龙与霸王龙

巨大的身躯、爬行类动物的形态以及危险的牙和爪，都容易让人认为某些龙和霸王龙（*Tyrannosaurus rex*）是近亲。图中是霸王龙的骨骼，它是博物馆的古生物学家巴纳姆·布朗（Barnum Brown）于 1902 和 1908 年在蒙大拿州比格德赖河发现的，现于美国自然博物馆的恐龙厅展出。活着的恐龙并没有激发龙的创意，因为它们死得太早，没能等到人类来围观它们。但这些灭绝生物的化石残骸有时被误认为是龙骨，这也间接使得古老的龙的传说不断流传下来。

准备展出

20世纪20年代，查尔斯·朗（Charles Lang）、杰里迈亚·沃尔什、查尔斯·霍夫曼（Charles Hoffman）和保罗·布尔特曼（Paul Bultman）在美国自然博物馆中处理霸王龙的头骨。

胜利纪念（左图）

传说很久以前，奥地利克拉根福附近的沼泽里有一条可怕的怪龙出没——蛇形德国龙。（在德国和挪威神话里，怪龙有时有腿，有时无腿，有时有翅，有时无翅。）它吞食了所有胆敢阻挡它道路的人与牲畜。最后，一位当地统治者召集了他的骑士去消灭这条龙，在多次尝试后，它终于被杀死了。为了纪念此事，一具“龙”头骨被放置在市政厅里。1582 年，一位艺术家借用了这具头骨——它实际上是冰河时代的犀牛头骨，他以此为模型制造了一尊 6 吨重的巨型怪龙喷泉雕塑，它现在仍然立在这座城市里。

“龙”头骨（下图）

下面是一具披毛犀（*Coelodonta antiquitatis*）的头骨，它曾被保存在奥地利克拉根福市的市政厅里。人们说它是一条龙的残骸，它在该城于 1250 年创建之前被杀死了。（注：该头骨失去了它独特的角。）

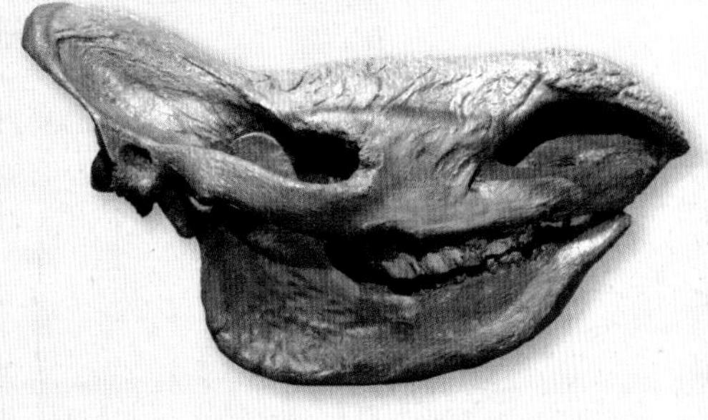

龙血

古代的阿拉伯商人曾航行至阿拉伯海的索科特拉群岛（如今也门的一部分），寻找“龙血”，这是一种类似棕榈的“龙血树”（*Dracaena cinnabari*）的果实。到了15世纪，欧洲人也在加那利群岛的龙血树中找到了这种果实。在欧洲和中东，龙血曾是一种昂贵的药材。罗马博物学家老普林尼（公元23—79年）认为，龙血是在龙袭击大象时形成的，它们的血混在一起凝固了。

血竭（上图）

龙血树的果实渗出的树脂。

龙血树（右图）

这张索科特拉龙血树的照片选自1903年的《索科特拉和阿卜杜勒库里岛的自然史》（*The Natural History of Sokotra and Abd-el-Kuri*），拍摄者是苏格兰探险家及利物浦博物馆主管亨利·奥格·福布斯（Henry Ogg Forbes），他也是该书的编者。

"（老普林尼）称，龙被垂死的大象压在身下时挤出的浓稠物质叫作奇纳巴里，这是个合适的名字……人们相信这两者间一直在发生这样的搏斗，据说龙酷爱象血，它会盘绕在大象的身躯上，牙齿咬进大象的颈后，一口气喝干大象的血。"

——《厄立特利亚海航行记：公元 1 世纪某商人在印度洋的旅行及贸易》

（*The Periplus of the Erythraean Sea:Travel and Trade in the Indian Ocean by a Merchant of the First Century*），

译者威尔弗雷德 · H. 肖夫，1912 年版

死敌

在这幅 1250 年左右的中世纪英国插画上，一条龙和一只象正决一死战。老普林尼认为，龙可以用尾巴勒死大象。老普林尼可能是听说了巨蟒的故事，巨蟒可以缠挤吞食大型动物，不过大象超出了它们的能力范围。

Acanthus
Callionym
Fabulosus equus

热闹的海洋

这幅印刷画由尼古拉斯·德·布勒因（Nicolaes de Bruyn）创作于1600年左右，画中挤满了“海怪”——巨大的鱼，前景是一只马头鱼尾怪。

致谢

多亏了美国自然博物馆员工及理事的大力支持，《神兽志》才得以顺利出版。

本书以“神奇生物：龙、独角兽与美人鱼”展览为基础，该展览由美国自然博物馆在展览部高级副总 David Harvey 的指导下举办。本书内容大都选自展览文本，文本编写者包括 Margaret Dornfeld、Martin Schwabacher 和 John Whitney，以及编审 Sasha Nemecek 和高级总监 Lauri Halderman。

首先要诚挚感谢博物馆科学部与管理层的员工 Laurel Kendall、Mark A.Norell 和 Richard Ellis 提供知识方面的援助。

其次，本书得以完成还要感谢 Sterling 出版社的执行编辑 Barbara Berger、高级美术指导 Chris Thompson 和 Elizabeth Lindy、创意总监 Jo Obarowski、制作总监 Fred Pagan 和编辑主任 Marilyn Kretzer；封面设计 Patrice Kaplan；以及 Tandem Books 的 Ashley Prine 和 Katherine Furman。

另外，博物馆展览部与全球业务发展部同样为本书出版承担了许多繁重的工作，非常感谢 Elizabeth Hormann、Kate Reutershan、Joanna Livingstone 和 Sharon Stulberg。博物馆学术图书馆员也提供了额外的支持，特别感谢高级研究支持馆员 Mai Reitmeyer 和哈罗德伯申斯坦主管 Tom Baione。

多谢博物馆人类学分馆、系统经理、数字成像经理 Barry Landua。

博物馆摄影工作室杰出又勤勉的员工们提供了慷慨的支援，尤其感谢主管 Denis Finnin。

最后要特别对 Jill Hamilton 表示感谢，感谢她细心校对，并由始至终提出了许多有益的问题和建议。

索引

E

F

G

H

I

J

K

L

M

N

O

P

Q

R

S

T

U

V

W

Y

图片来源

t: top; b: bottom; c: center; r: right; l: left

COVER (design by Patrice Kaplan and Elizabeth Lindy)
FRONT: Left (St. George and the Dragon) and center (griffin): Digital images courtesy of the Getty's Open Content Program
BACKGROUND front, spine, and back: © Labetskiy Alexandr/ Shutterstock (vine pattern); © wanchai/Shutterstock (parchment)
TOP front, spine, and back (tentacles): American Museum of Natural History Research Library, Call #RF-29-F
SPINE bottom: Wellcome Library, London
BACK bottom center: American Museum of Natural History Division of Anthropology, Catalog #70.0/7502

Front endpapers: Courtesy Library of Congress Prints and Photographs Division, LC-USZC4-10363
Back endpapers: American Museum of Natural History Research Library, Call #C-3

AGE Fotostock
©ARCO/R. Hicker/AGE Fotostock

Alamy
© Mary Evans Picture Library/Alamy Stock Photo: 11; © MCLA Collection/Alamy: 29tr; © Black Star/Alamy Stock Photo: 39; © Dale O'Dell/Alamy Stock Photo: 80

© American Museum of Natural History
DIVISION OF ANTHROPOLOGY: Catalog #70/10076: ix(b); Catalog #41.2/5800: 23; Catalog #41.2/7979: 26bl; Catalog #70.3/6507: 29tl; Catalog #A/741 A-CL: 76bl; Catalog #70.3/542, Drummond collection: 78tr; Catalog #70.0/902: 79tr; Catalog #70.0/3676: 79bl; Catalog #70.0/7502: 107; Catalog #70.0/8095: 109l; Catalog #70.0/8092: 115bl; Catalog #70/11388: 118; Catalog #70.3/3760: 119b; Catalog #70.3/5364: 121r; Catalog #70.0/3674: 125t; Catalog #70.3/545: 125b; Catalog #90.2/5400: 140b; Catalog #30.0/6169: 144cr; Catalog #70/10081: 150–51b; Catalog #70.2/5296: 154–55bc; Catalog #70/580: 155tr; Catalog #70.2/1230 F: 164t, Catalog #70.2/1230: 164b; Catalog #70.2/2102: 172t; Catalog #70.0/7560: 173; Catalog #70/13848: 176b; Image #129039: 179

EXHIBITION DEPARTMENT: 14 (whale and squid imagery), 34–35 (map), 84–85 (map), 162–63 (map)

DENIS FINNIN: 10c, 59b, 62, 65t, 86b, 87c, 105l, 161tr, 178, 181

RODERICK MICKENS: 58

PHOTO STUDIO: viii, xii, 12, 60tr, 102, 105tr

RESEARCH LIBRARY: Image #3394: v; Call #B-6: xi; Call #RF-29-E: xiv; Call #J-4: 1; Call #RF-74-F: 5; Call #RF-29-F: 10 (far left); Call #A-1a: 16tl; Call #RF-29-E: 16br; Call #B-6: 17; Call #QL89.O9: 21t; Image #23373: 43 (center); Call #J-4: 54br; Image #410737: 59t; Image #3158: 61t; Call #DD-4: 70; Call #58-E: 76 (center right); Call #B-6: 122 (left); Call #RF-43-G: 136t; Call #RF-43-G: 137; Call #RF-1-J: 138; Call #RF-1-J: 139t; Call #RF-1-J: 139b; Laufer Collection #565: 150tr, 156 (left), and 157bl; Image #LS3-26: 177

Courtesy of the American Numismatic Society
52tr, 94tr, 142t

Art Resource
© V&A Images, London/ Art Resource, NY: 32; Jennifer Steele/Art Resource, NY and © estate of Bargadubu, licensed by Aboriginal Artists Agency Ltd.: 44

© 2016 Artists Rights Society (ARS), New York/ VISCOPY, Australia (Photo by Denis Finnin/AMNH)
45

The Bridgeman Art Library
© Pictures from History/Bridgeman Images: 28–29cb, 100; © Palazzo Sandi-Porto (Cipollato), Venice, Italy/Bridgeman Images: 98–99; © The Trustees of the Chester Beatty Library, Dublin: CBL C 1001, f. 10: 151r

© The British Library Board, I.O. ISLAMIC 966, f.63
159

Brooklyn Museum
Statuette of Nemesis in Form of Female Griffin with Wings, 2nd century C.E. Faience, Brooklyn Museum, Charles Edwin Wilbour Fund, 53.173. / Photo: © American Museum of Natural History / Denis Finnin : 54l

Courtesy of the Cavin-Morris Gallery NY
38br

Depositphotos
© homank76: 169b; Irmairma (l, r borders): 86–87; © Katja87: 57tr, © magicinfoto: 61b, © obencem: 66 (center), © ohmaymay: 152–53; © Stanislaw: 36-37; © vincenstthomas: 170

© Dorset Fine Arts (Photo by Denis Finnin/AMNH)
42b

Dover
Medieval_Design-0486998444 (l, r borders): 46–47, 140–43

Germanisches Nationalmuseum
77t

Digital images courtesy of the Getty's Open Content Program
ii; vi–vii (t, b borders), 55 (center), 73 (center), 97, 133, 164, 183

Getty Images
© De Agostini Picture Library/ Getty Images: 25b

The Granger Collection, New York
103 (right)

iStockphoto
© © Matthias Straka: 180–81; © 9comeback: 119tr, 153t, 154t; © Aleksander Mirski: 157r; © AlexanderZam: 115tl; © ANGELGILD: 117; © boogieelephant: 69; © bülent gültek: 51tr, 55tr; © ChrisGorgio: 101, 182t; © daikokuebisu: viitr; 158l, 168t; © duncan1890: 13r, 38tl; © GomezDavid: 161b; © Helena Lovincic: 182cl; © icedea: 149, 157tl; © ilbusca: 81, 84t, 179r; © jcrosemann (l, r borders): 28–29, 60–61, 110tl, 123tr, 124–27, 160-61; © jirivondracek: 171; © mastapiece: 104tl; © Matt84: 20; © Nancy Nehring: 114bl; © NataliaBarashkova: 106; © Øystein Lund Andersen: 109r; © powerofforever: 26cr; © praditp: 113; © Sisoje: 115br; © skynavin: 112; © stockcam: 144b, 146-47; © VeraPetruk: 42tl; © wasja: 145tr; © Whiteway: 142b

Courtesy Internet Archive
https://archive.org/details/extinctbirdsatte00roth: 3
https://archive.org/details/brownfairybook00langrich: 24bl
https://archive.org/details/sightsinbostonsu1856midg2: 47b
https://archive.org/details/chamberssencyclo08phil: 72b
https://archive.org/details/UlyssisAldrovanIAldr: 136b, 176tl

Courtesy of the John Carter Brown Library at Brown University
145

© Frans Lanting / www.lanting.com
104br

Joe Leonard, Custom Woodcarving, Garrettsville, OH
Photo: © American Museum of Natural History /Denis Finnin: 53, 95

Courtesy Library of Congress
Prints and Photographs Division: LC-DIG-jpd-00628: xiii; LC-DIG-jpd-01559: 4; LC-USZ62-128102: 15b; LC-DIG-ppmsca-03955: 92b; Carol M. Highsmith, LC-DIG-highsm-11756: 94b; Alice S. Kandell, LC-DIG-ppmsca-30773: 110–11; LC-DIG-jpd-00323: 126; LC-USZC4-11627: 143l; LC-USZC4-11248: 143r; LC-USZC4-10363: 160c; LC-DIG-jpd-01469: 163b; LC-DIG-jpd-00088: 166; LC-DIG-jpd-01531: 167

Geography and Map Division: 22, 33, 134–35

The Mariners' Museum & Park, Newport News, VA
(Photo by Denis Finnin/AMNH): 34tl

Mary Evans Picture Library
© Mary Evans Picture Library: 104cl, 158br

Minden Pictures
© Norbert Wu/ Minden Pictures: 15t

Courtesy National Gallery of Art, Washington
77b, 141c

From the New York Public Library
47t

Peabody Museum of Archaeology and Ethnology
Gift of the Heirs of David Kimball. © President and Fellows of Harvard College, Peabody Museum of Archaeology and Ethnology, PM# 97-39-70/72853 (digital file# 60743308): 46b

Rhode Island School of Design Museum
Gift of Rhode Island School of Design Museum. © President and Fellows of Harvard College, Peabody Museum of Archaeology and Ethnology, PM# 45-57-20/15139 (digital file# 60740804): 27b

Courtesy Rijksmuseum, Amsterdam
x; 8; 18–19; 30; Purchased with the support of the F.G. Waller-Fonds: 37r; 48–49; 50; 56–57; 63c; Donation of Mr. A. Begheyn, Nijmegen: 68; 72t; Gift of H. D. Willink van Collen, Breukelen: 74–75; 89bl; 88–89; Donation of Mr. EJM Douwes, Amsterdam: 90; 93c; 96c; Donation of Mr P. Formijne. Amsterdam: 108; 116; Legacy of JA Bierens de Haan, Amsterdam: 119c; Gift from the Jan Dees & René an der Star Collection: 120c; 121l; 123c; 126–27; J.W.E. vom Rath Bequest, Amsterdam: 128–29, 132; On loan from the Vereniging van Vrienden der Aziatische Kunst: 148, 163; 155bl; Purchased with the support of the F.G. Waller-Fonds: 184–85

Royal Society
Tsunemi Kubodera, Kyoichi Mori. "First-ever observations of a live giant squid in the wild." Proc. R. Soc. B, 2005, vol. 272, issue 1581, fig. 3, by permission of the Royal Society: 13tl

Shutterstock
© Labetskiy Alexandr and © Pakhnyushchy (backgrounds): 14, 41, 43, 63, 66, 73, 93, 96, 120, 156; © Alexlky: 82; © Roberto Castillo: ix(t), 25tr, 91tr, 131, 175; © IADA: i, vi (l), 9, 15t, 27tr; © KUCO: 31; © Megin (dingbat elements throughout); © Smith1972 (parchment background): 28–29, 46–47, 60–61, 86–87, 124–27, 140–43, 160–61

Collection of Lea R. Sneider
169

John T. Unger
40

The Walters Art Museum
Acquired by Henry Walters, 1924: 92t and 122r

Courtesy Wellcome Library, London
2, 52b, 64, 71, 114t, 172b, 174

Courtesy Wikimedia Foundation
National Library of Norway: 6–7; *The Tasmanian Journal of Natural Science*, National Library of Australia: 24cr; Helen Strattron illustration from *The Little Mermaid*, Hans Christen Anderson: 35r; GiorcesBardo54: 41; www.tablespace.net: 65; Pantheon Books edition of *Divine Comedy*: 67; Kirstenbosch Gardens Cape Town, Andrew Massyn: 103tl; http://biodiversitylibrary.org/page/24884196, Photograph by Henry Ogg Forbes (1852–1932), the editor of *The Natural History of Sokotra and Abd-el-Kuri*: 182b

图书在版编目（CIP）数据

神兽志 / (美) 马克・A.诺雷尔，(美) 劳雷尔・肯德尔，(美) 理查德・埃利斯编著；傅临春译. --重庆：重庆大学出版社, 2020.6

（自然的历史）

书名原文：Mythic Creatures

ISBN 978-7-5689-1923-4

Ⅰ. ①神… Ⅱ. ①马… ②劳… ③理… ④傅… Ⅲ. ①生物学－普及读物 Ⅳ. ①Q-49

中国版本图书馆CIP数据核字(2019)第278817号

Text © 2016 by American Museum of Natrual History

版贸核渝字（2018）第027号

神兽志

ShenShouZhi

[美]马克・A. 诺雷尔　劳雷尔・肯德尔　理查德・埃利斯　编著

傅临春　译

责任编辑　王思楠

责任校对　刘志刚

封面设计　周安迪

内文制作　常　亭

重庆大学出版社出版发行

出版人　饶帮华

社址　（401331）重庆市沙坪坝区大学城西路 21 号

网址　http://www.cqup.com.cn

印刷　北京利丰雅高长城印刷有限公司

开本：720mm×980mm　1/16　印张：13　字数：238千

2020年6月第1版　2020年6月第1次印刷

ISBN 978-7-5689-1923-4　定价：88.00元

本书如有印刷、装订等质量问题，本社负责调换

版权所有，请勿擅自翻印和用本书制作各类出版物及配套用书，违者必究